风景园林 GIS 教程

许 浩 黄焕春 编著

中国建筑工业出版社

图书在版编目（CIP）数据

风景园林GIS教程／许浩，黄焕春编著．—北京：中国建筑工业出版社，2020.6（2024.7重印）
ISBN 978-7-112-24956-5

Ⅰ.①风… Ⅱ.①许… ②黄… Ⅲ.①地理信息系统－应用－园林设计－教材 Ⅳ.①TU986.2-39

中国版本图书馆CIP数据核字（2020）第043686号

责任编辑：郑淮兵 王晓迪
责任校对：芦欣甜

风景园林 GIS 教程
许 浩 黄焕春 编著
*
中国建筑工业出版社出版、发行（北京海淀三里河路9号）
各地新华书店、建筑书店经销
北京建筑工业印刷厂制版
建工社（河北）印刷有限公司印刷
*
开本：787毫米×1092毫米 1/16 印张：11½ 字数：204千字
2021年1月第一版 2024年7月第二次印刷
定价：**38.00**元（含配套资源）
ISBN 978-7-112-24956-5
（35713）

前　言

GIS 技术已经成为风景园林领域的重要技术，相关从业人员对 GIS 有浓厚的兴趣和较高的期望。我们在多年的教学中发现，尝试以风景园林规划设计中的主要问题解决为主线，把关于 GIS、空间分析的理论与知识相结合，进行实际应用案例的训练，是行之有效的教学方法。实践证明，利用 GIS 技术可以很快解决风景园林规划中的实际问题，使学生的学习兴趣极大提升，学习效率明显提高。

本书作为风景园林专业的教材，立足于面向风景园林设计和研究的规划师与科研工作者，介绍一系列 GIS 的辅助规划设计技术方法。这些技术方法涵盖了风景园林规划设计的方方面面，例如地形分析、可视性分析、水系分析、可达性分析等。

本书根据风景园林专业的业务与科研需求，详细介绍了多种 GIS 分析工具，并提供了案例数据以使学生快速掌握操作技能，这些训练能极大地提高风景园林规划分析的技术和水平，增强设计的科学性。

本书以解决问题为目标导向，着重能力的培养。针对风景园林专业规划设计与研究中的典型问题，采用一个章节解决一个典型问题，穿插介绍 GIS 的功能和操作方法。书中的应用案例精选自大量的规划实践，贴近风景园林领域的实际需求。

本书提供了大量利用 GIS 进行风景园林规划设计的思路，通过案例训练读者综合利用 GIS 解决规划问题的能力，特别是为风景园林方案分析提供了良好的模型解决方案。

本书内容编排由浅入深，易于上手。空间分析理论与软件操作并重，让读者跳出以软件为核心的学习模式，理解空间分析的理论与模型，正确使用 GIS 软件平台。在风景园林规划设计的项目应用和科研中，明确该技术的使用范围，避免似是而非的错误应用。

读者按照书中的操作步骤，可以一步步地完成分析，参照本书案例可以解决实际规划设计和研究中的问题。本书在编写过程中努力降低初学者应用 GIS 进行操作的难度，努力消除读者对 GIS 软件的畏惧感，增强读者学习 GIS 的信心。

GIS 在风景园林行业应用非常广泛，本书是作者就多年应用经验的总结和系统化梳理的初步成果。本书的编写得到南京林业大学 2019 年度专业学位研究生课程案例库项目“风景园林 GIS 规划设计应用（项目号 163120069）”的资助。研究生李欢欣、金婷参与了本书的资料数据整理工作，研究生吴净、邓鑫、杨海林、陈孟学、周鑫辉、马原亦为本书编写作出了贡献，在此一并感谢。由于作者的水平有限，书中难免出现错误疏漏，敬请读者批评指正。

本书使用的软件：

本书采用 ArcGIS 10.3 作为教学软件，该软件具有良好的使用反馈情况。该软件由美国环境系统研究所公司（Environmental Systems Research Institute，Inc. 简称 ESRI 公司）开发。读者可自行前往 ESRI 官网（https：//www.esri.com/en-us/arcgis/products/index）下载，通过个人邮箱注册申请试用软件。

本书使用方法：

1. 没有 GIS 操作基础的读者，请先学习本书的第 1～3 章。

2. 本书科学研究和实际训练并重。需要通过本书解决实际规划设计和研究问题的读者，可关注相关章节对案例进行的介绍和问题描述，给出解决方案、理论依据、模型方法、知识背景等，并给出了具体操作步骤。

3. 本书附练习数据，各章的随书数据存放在相应的文件夹中，文件夹被命名为 chp01、chp02、chp03 等，内有练习原始数据。

下载方式如下：

登录中国建筑工业出版社官网 www.cabp.com.cn→输入书名或征订号查询→点选图书→点击配套资源即可下载。（重要提示：下载配套资源需注册网站用户并登录）

请读者将随书数据拷贝至电脑硬盘中再使用。本书操作步骤中的数据调用与存储以 F 盘为例。

目　录

第一章　绪　　论

第一节　GIS 的概念

一、数字地球与数字城市

数字地球（Digital Earth）是近年来空间信息化发展过程中的重要概念。其定义为通过信息网络，人们能够任意造访地球上的某一地区，链接、调用大量的地理信息，使整个地球处于信息网之中。将地球上的信息数字化、标准化、智能化、网络化，成为人们可以共享的数据库。数字地球的概念最先由美国副总统戈尔于 1998 年在美国加利福尼亚科学中心演讲时提出，其实质是以地球为对象，以地理坐标为依据，具有多分辨率、海量和多种数据融合的特征，空间化、数字化、网络化、智能化和可视化的虚拟地球，是由计算机、数据库和通信应用网络进行管理的应用系统（江绵康，2006）。数字地球包括数据获取与更新体系、数据处理与存储体系、信息提取与分析体系、数据与信息传播体系、数据库体系、网络体系、专用软件体系等。

数字地球是全球最大的信息化发展战略，在此基础上，很多国家和地区提出了具体的数字化战略。其中，数字城市战略成为我国城市现代化发展过程中一个非常重要的计划。所谓数字城市，是充分利用数字化信息处理技术和通信网络技术，将城市的信息资源加以整合利用。数字城市再现物质城市，是物质城市在数字化网络空间的再现和反映。数字城市具有全面模拟和仿真物质城市以及网络化、智能化、互动等超越物质城市的特征。一个网络化、信息化、数字化和虚拟化的数字城市是城市信息化发展阶段的历史必然（郝力，2001）。

二、GIS、RS 与 GPS

CAD 技术可以提供便捷和精确的概念表述方法，但是该技术无法为风景园林规划设计师提供从空间信息采集、分析、处理到管理、储存、更新，以及景观成像上连贯的并且相互兼容的一系列功能。近年来，以 3S 技术为代表的空间信息系统集成技术的发展，改变了原来单纯依靠CAD系统进行电脑制图的传统设计方法，其所提供的强大的空间信息采集、处理和模拟成像能力为数字地球的实现提供了现实途径，深刻影响景观规划设计的基础手段。

3S是GPS（全球定位系统）、RS（遥感）、GIS（地理信息系统）的统称。GPS是Global Positioning System的缩写，即全球定位系统。国际上普遍使用的GPS卫星测位系统，由距离地面20200km的24颗卫星组成测地网络，对地表面任何一点、线、多边形都可以进行全天候、高精度的定位、定性和定时。定位是通过三维坐标系统进行的。在定位的同时，通过地面的GPS信号接收器，记载物体的基本属性和测量时间，进行定性和定时，并且将其和位置信息转换成数字式信息进行存储和输出。GPS产品的低成本化使其用途愈来愈广泛，在地质、地理、生物等自然科学和城市规划与建设、军事、灾害监视、农业甚至考古学方面应用前景广阔，正逐步发展成为对景观物质客体对象的位置、形状和基本属性的主要测量与记录手段之一。

遥感技术利用物体具有的发射、反射与吸收电磁波的特性探测物体的质地和空间形状。早期的遥感探测主要是通过航空摄影来探测物体，20世纪60年代后，随着人造卫星技术的迅速发展，用于遥感探测的电磁波波段范围不断扩大，即从原来较单调的宽波段向微波、多波段扩展。遥感技术已经具备全天候对地实时高精度监测的功能。与GPS相互结合可以更加全面准确地把握地表景观的状态，并且为地理信息系统提供信息源。

地理信息是表示地理空间上的各种特征和变化的数字、文字、图像、图形等信息的总称。地理是空间概念，因此，地理信息包括空间信息和与空间相关的属性信息。地理信息系统（GIS）是20世纪60年代以后，随着计算机和系统工程的发展而出现的空间数据库管理系统。它能够采集、存储、管理地球表面与空间地理分布有关的数据，同时，在电脑软、硬件环境的强大支持下，对数据进行定量、定性分析与地理模拟处理，建立起空间模型，进行数据管理、空间查询与分析，并将结果通过地图、影像等可视化手段输出。GIS通过叠加、邻近、网络分析认识和评价客体空间景观状态和景观作用过程的规律，预测景观发展变化和影响，进行数字模拟和展示虚拟景观。

第二节 GIS 的发展

一、GIS 的发展历史

20 世纪 60 年代，地理信息系统的早期尝试首先在北美开展起来。60 年代初期，IBM 开发的大型计算机进入市场，应用于数据、业务的管理和数学、物理学等方面的计算。一些研究机构和大学开始在地理数据统计和模型空间分析上使用计算机。军事机关和国土测量机关等也使用计算机对航空图片等进行处理，使地图的制作自动化。如加拿大测量地图局开发了制作 1∶50000 比例系列地图的自动化程序。不久，霍华德·费舍尔（Howard Fisher）在哈佛大学成立了电脑成像研究所，开发了专门用于地图制作的软件包（SYMAP）。该软件包采用了当时比较容易使用的标准，受到了广泛欢迎，很多北美、欧洲和日本的政府与民间机构、大学等相继使用。SYMAP 因此成为最早被广泛使用的处理地理信息的电脑软件包。

几乎同时，加拿大政府委托罗杰·汤姆林森（Roger Tomlinson）领导加拿大农业振兴开发局（ARDA）的开发工作。在这之前，汤姆林森在进行森林调查时，已经认识到对地图的分析完全依赖手工操作成本太高，因此他极力主张使用计算机，并且受到 IBM 公司的技术支持。在加拿大农业振兴开发局的开发中，包括了扫描输入、图像输出打印、地图数字化、数据索引化等 GIS 的主要要素。1968 年，国际地理学联合会（IGU）成立了地理数据观测和处理委员会，汤姆林森任委员长。该委员会在 20 世纪 70 年代初期主持了一系列重要的国际会议，推广了 GIS 的概念，并且参与了美国地质调查所（USGS）的空间数字数据处理的分析评价工作。汤姆林森也因此被称为“GIS 之父”（许浩，2003）。

20 世纪 70 年代以后，由于计算机技术的发展，许多发达国家对 GIS 展开了大规模的应用研究并先后建立了不同类型规模的地理信息系统。法国建立了深部地球物理信息系统和地理数据库系统（GITAN）；美国地质调查局（USGS）建立了用于土地资源数据处理和分析的地理信息系统（GIRAS）；瑞典建立了地理信息系统，分别应用于国家、区域和城市三个级别以及各级别的多个领域；日本国土地理院（GSI）建立了数字国土信息系统，主要应用于国家和地区土地规划。20 世纪 80 年代以后，随着个人电脑普及，GIS 技术在多个方面取得突破，涌现出大量地理信息系统相关软件，如 Arc/Info、MapInfo、TNTmips、Genamap、MGE、Cicad、System9 等（胡祎，2011）。20 世纪 90 年代，地理信息产业和数字化信息产品在全球范围内得到普及，并开始全面应用于多种学科领域，地理信息系统逐渐成为必备的工作系统。

二、“数字中国”战略

我国启动了“数字中国”的发展战略。“数字中国”是我国地理空间的信息化和数字化，是在统一的规范和标准框架基础上，以信息高速公路（CNII）和国家空间数据基础设施（NSII）为主体，全面反映我国自然、社会、历史状况的信息系统体系。“数字中国”是我国中长期空间信息科学发展的战略目标。

国家空间数据基础设施是“数字中国”的基础，也是现阶段我国信息化发展的主要内容。当前国家空间数据基础设施的建设主要包括以下四个部分：

第一，多维动态的地理空间框架数据建设。地理空间框架数据包括数字正射影像、数字高程模型、交通、水系、行政境界、公共地籍等空间基础数据等。迄今为止生产和应用的空间数据基本是二维（包括 2.5 维）的，这类数据难以真正表达实体空间状态和时序变化关系。多维动态的空间数据建设是未来数据整治的主体。

第二，整合时空参考框架体系。景观要素与现象的分布和位置与平面基准、高程基准和重力基准相关。由于基准点和控制网的变化，我国历史上不同地区使用了多种地理坐标和高程系统（如平面 54 坐标系、80 坐标系，黄海 56 高程系和 85 高程系等）。多种坐标系的共存不利于数据的交换和广泛应用。因此，应着手建立统一的空间参考框架体系和便利的坐标转换平台。

第三，建立空间数据分发的体系。当前我国普通用户获取空间数据的能力普遍不足。应当大力加强数据分发的机构体系，提高数据运营商的服务水平。数据分发必须建立在高性能的能够进行大容量数据交换传输的网络系统基础上，同时满足 4 个功能：引导功能（利用元数据指引用户寻找需要的数据）；浏览功能（满足普通用户对地理信息进行网络浏览的基本需要）；下载功能（在一定权限下下载，同时提供技术支持）；互动功能（用户与数据服务商的相互交流平台）。

第四，空间数据交换标准以及空间数据交换网站。空间数据不仅需要全社会共享，由于关系到国土安全的问题，需要制定切实可行兼顾保密的数据交换标准。在空间数据基础设施建设中，当前我国正在致力于建立数据交易合同制度、用户反馈机制、应用追踪机制以及数据交换的协议和安全标准等。

三、我国 GIS 的发展

毫无疑问，作为全球最基本的数据库管理系统，GIS 是“数字中国”建设的最重要载体。我国在 20 世纪 70 年代末逐步开始 GIS 的理论探索、规范标准建设、软件开发、人才培养，以及区域性、专题性试验等。从 20 世纪 90 年代开始，我国 GIS 进入高速发展时期，90 年代后半期，我国加大了 GIS 研发力度，成功培植了多个可以与国外产品相媲美的国产化 GIS 集成产品，并建立了相应的从政府到民间的数据采集、数据库、数据分发和标准安全体系，GIS 开始广泛应用于各行各业的数据管理、监测与分析中。

第三节　GIS 空间数据结构

空间数据结构是指数据组织的形式，是适合于计算机存储、管理和处理的数据逻辑结构，是数据模型和文件格式之间的中间媒介。它是对数据的一种理解和解释，对同样的一组数据，按不同的数据结构处理，就会得到完全不同的结果。空间数据结构是地理信息系统沟通空间信息的纽带。只有充分理解地理信息系统中运用的空间数据结构，才能正确使用地理信息系统和处理空间信息。

GIS 空间数据包括栅格（raster）和矢量（vector）两种数据结构。在矢量模型中，用点、线、面表达空间实体。在栅格模型中，用空间单元（cell）或像元（pixel）来表达空间实体。

一、栅格数据结构

（一）定义与特点

栅格数据结构是最简单、最直接的空间数据结构，其结构实际是像元阵列，每个像元由行列确定了它在实际空间中的位置，每个像元都具有属性值，用像元的属性值表示空间对象的属性或属性编码。每个像元的位置由行列号确定，通过单元格中的值表示这一位置地物或现象的非几何属性特征（如高程、温度等）。栅格像元形状除了最基本的正方形之外，还可以是等边三角形或六边形等。

栅格数据可以是卫星遥感影像、数字高程模型、数字正射影像或扫描的地图等，它可以是离散数据，如土地利用类型，也可以表示连续数据，如高程、水量和温度等（图 1-1）。

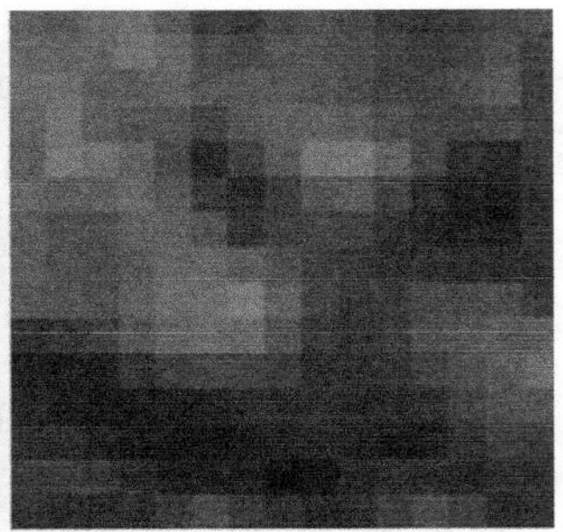

放大后的栅格像元

图 1-1 2018 年度 NJ 市某公园遥感栅格影像

栅格数据结构的优点在于：结构简单，易于数据交换，易于叠置分析和地理现象模拟，便于图像处理和进行遥感数据分析，成本较为低廉，便于获取，输出快速。缺点主要是结构不紧凑，图形数据占用空间大，投影转换较烦琐。

（二）栅格数据的建立与获取

1. 建立途径

（1）手工获取，专题图上划分均匀网格，逐个决定其网格代码。

（2）扫描仪扫描专题图的图像数据 { 行、列、颜色（灰度）}，定义颜色与属性对应表，用相应属性代替相应颜色，得到（行、列、属性）再进行栅格编码、存储，即得到该专题图的栅格数据。

（3）由矢量数据转换而来。

（4）遥感影像数据，对地面景象的辐射和反射能量的扫描抽样，并按不同的光谱段量化后，以数字形式记录下来的像素值序列。

（5）格网 DEM 数据，当属性值为地面高程，则为格网 DEM，通过 DEM 内插得到。

2. 获取路径

通常可以从各级政府、企业数据分发机构获得栅格数据。如遥感影像栅格数据可以从各个卫星公司购买获得，也可以从政府或者企事业单位网站下载获得免费遥感栅格数据。

二、矢量数据结构

（一）定义与特点

矢量数据结构是通过记录坐标的方式尽可能精确地表示点、线、多边形等地理实体，它通过记录空间对象的坐标及空间关系来表达空间对象的位置（图 1-2）。

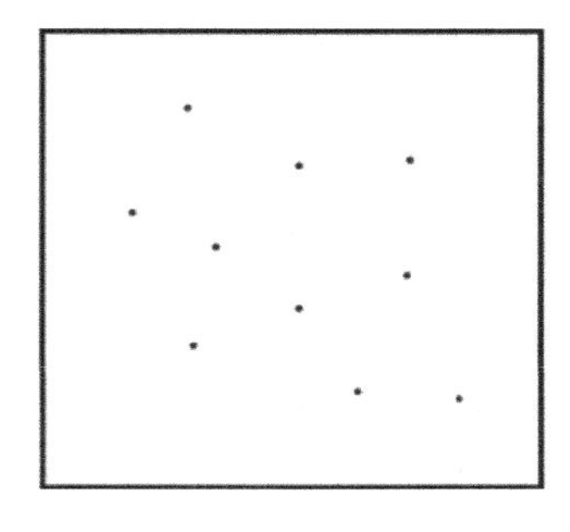
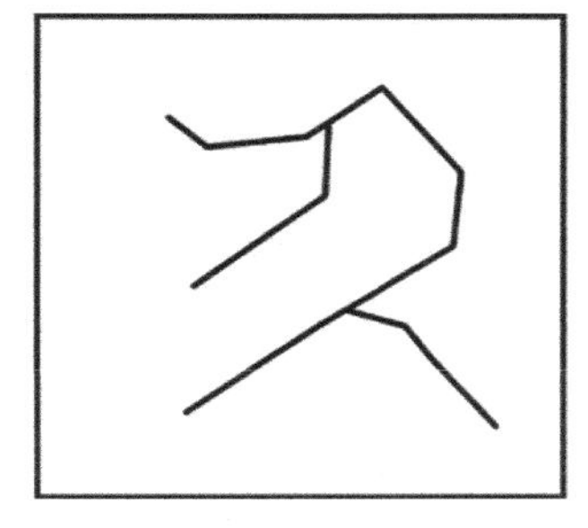
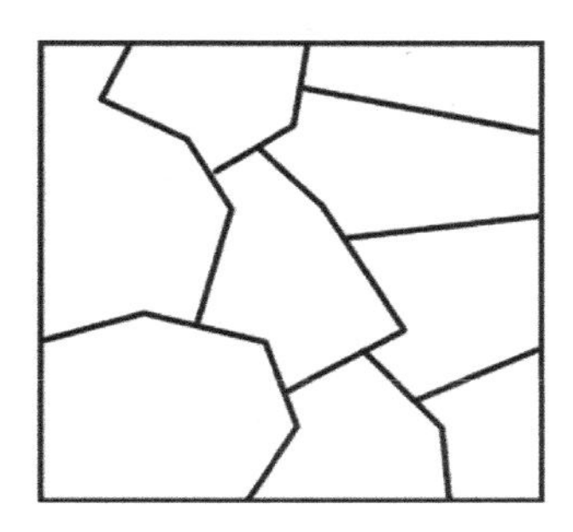

图 1-2　点、线、面的矢量数据

矢量数据结构的特点是定位明显、属性隐含，其定位是根据坐标直接存储的，而属性则一般存于文件头或数据结构中某些特定的位置上。这种特点使矢量数据图形运算的算法总体上比栅格数据结构复杂得多，在计算长度、面积、形状和图形编辑、几何变换操作中，矢量结构有很高的效率和精度，输出图形质量好、精度高，而在叠加运算、邻域搜索等操作中则比较烦琐与困难。

（二）矢量数据的获取

1. 由测量获得

可利用测量仪器自动记录测量成果，然后输入地理信息数据库中。

2. 由栅格数据转换获得

利用栅格数据矢量转换技术，把栅格数据转换为矢量数据。

3. 扫描与跟踪数字化

将地图等纸本数据扫描进而跟踪数字化，转换成离散的矢量数据。

第四节　GIS 在风景园林学科中的应用

GIS 在风景园林学科的具体应用主要有风景园林资源的监测、数据库建设、分析与评价、设计辅助、可视化与模拟重现等。

风景园林资源包括各类城市公园绿地、国家公园及自然保护地、森林、湖泊、湿地、树林地、绿道、林荫道等。GIS 结合 RS 技术能够精准监测这些资源的分布与变化，同时也能够监测城市建设用地、农村居住生活用地等的变化。在各类绿地的监测方面，采用 RS 和 GIS 技术，能够极大地提高监测的精确性、准确性和效率。我国一些地区利用遥感与 GIS 技术对绿地现状进行了调查。白林波等在 GIS 平台上利用航空照片、地形图对合肥绿地现状进行分析（白林波等，2001）。在广州绿地系统规划编制工作中，利用美国陆地卫星（Landsat）的成像传感器（TM）数据和法国 Spot 卫星的 HRV 数据，提取了绿地现状信息，对绿地面积进行分类统计，并且进行了热场和热岛效应分析，为规划总体目标和措施提供依据（石雪东等，2001）。许浩等多次利用遥感卫星影像与 GIS 进行南京绿地系统的监测与分析，利用 Landsat 多时相遥感卫星影像数据对南京市域绿地分布进行了时间序列分析，利用 Alos 高精度遥感卫星影像数据对南京城区绿地分布进行了分析（许浩，2013）。

风景园林调研分析离不开长期的数据积累，常用的数据类型有植被分布图、地形图、建筑物分布图、生态红线图、用地现状图等，以及各类文本资料。这些数据来源复杂、时间不一、格式多样、坐标不统一，为后期的分析带来了很大困难。GIS 能够通过数据库建设提供数据管理，将多源数据整合成 GIS 数据，统一格式，纳入数据库中，为规划分析和现状数据服务。1995 年我国成立国家基础地理信息中心，开始建设国家地图数据库、遥感影像库、大地数据库、专题数据库和测绘资料档案馆，目前已经完成 1∶1000000 和 1∶250000 地图数据库（包括地名、地形、高程 3 类数据）建设，正在进行基于遥感影像的国家级 1∶50000 和省级 1∶10000 空间数据库建设。GIS 空间数据库的建设为风景园林分析和规划、国土空间规划与管理提供更加精确和方便的数据资料。

GIS 具有强大的空间分析功能，能够进行地形分析（高程分析、坡度分析、坡向分析等）、水系分析、用地适宜性分析、可视性分析、公共设施可达性分析、生态敏感性分析等，这些分析能够为风景园林的规划决策与管理提供依据。铃木雅和（Suzuki M）较为系统地探讨了绿地规划过程中应用遥感（RS）、全球定位系统（GPS）、地理信息系统（GIS）复合技术的概念和方法，包括公园规划管理和景观模拟，运用 GPS 对植被、道路、建筑物进行定位和属性信息输入，在 GIS 平台上与遥感图像进行叠加分析，进行生物空间的分布、变化分析，通过定性定量分析对城市化过程中的绿地变化状况进行把握（铃木雅和，2003）。

GIS技术也可应用于建立城市公园绿地、自然保护地、生态资源管理系统。利用GIS将城市绿地资源管理数据导入数据库，连接空间数据和属性数据，直观地反映景观资源的位置与属性关系，便于管理。GIS技术已经大量应用于我国的电子政务。电子政务是利用信息网络技术为政务服务。国土资源、城市园林绿化管理机构建立网上政务处理和信息发布平台，融合GIS技术的电子政务系统不仅提高了规划管理和建设管理的行政运作效率和水平，还节约了资源成本。

此外，GIS也有辅助设计的作用，通过GIS软件，建立风景园林专用符号库，可以对图形进行编辑与整理，从而绘制风景园林图。利用GIS的地理空间分析能对风景资源信息进行查询、分析、处理、更新等，可以更加方便、精确地进行图形编制，根据需要输出各种比例的专题图像。GIS中的高程分析、视线分析、水文分析等为场地设计提供了科学依据，设计师能更直观地感受场地，从而使设计能够更加准确地与场地情况吻合。

第五节　本书内容与使用的软件和数据

本书主要目的是通过GIS的理论知识传授与实践训练，使风景园林、环境设计等专业学生（包括研究生和本科生）初步掌握风景园林实践与研究中需要的GIS技能。全书分为十章，前三章为基础知识，后七章为专题练习。第一章为绪论，介绍了GIS的基本概念、3S系统、GIS的发展历程、GIS的空间数据结构，以及风景园林学科中GIS的用途。第二章主要介绍ArcGIS软件基本操作。第三章介绍了空间投影及其转换方法。第四至十章分为地形分析、水系分析、园路优化、可视性分析、生态敏感性分析、公园交通网络构建与选址、公园可达性分析共七个专题，每个专题详细解析操作过程与目的。

本书紧密配合风景园林专业GIS课程教学需要，同时注重各专题训练紧紧围绕风景园林专业、景观专业实际需求而设计。在使用本教程之前，学习者应先具备风景园林规划设计技能、熟练的CAD操作技能，并了解风景园林各类资料（如地形图、高程图）的使用方法和相关知识点（如坐标系、符号化），了解常用的分析方法和原理（如可达性、生态敏感性、适宜性评价等）。本教程采用的软件为ArcMap10.3。该软件是主流地理信息系统平台软件

ArcGIS10.3 的主要桌面软件，主要用于创建和使用地图，编辑、管理和分析地理数据，实现地理信息的可视化表达。本教程使用的数据为编辑人员专门制作的练习用数据，请使用者在操作练习前将练习数据复制存放于电脑文件夹，以便调用和存储文件。

第二章 基础知识

目的：本章使用某片区的影像图及道路矢量数据，运用 ArcMap10.3 软件，制作该片区土地利用现状图。通过较完整的专题图制作，学习 ArcMap10.3 的基础界面、基础操作、符号化表达、制图布局以及工具箱基础，从而能在学习生活中更熟练地运用 ArcMap。

基础数据：土地利用现状地图文档详见所附资源：

（F:\LA_GIS\chapter02\Basic\Basic.mxd）

任务：以某片区土地利用现状图为例，学习如何使用 ArcMap10.3 构建数据库，编辑几何数据，实现地理数据的可视化，进而制作完整的专题图。

第一节 ArcMap 的基础界面

一、打开地图文档

➢ 步骤 1：启动 ArcMap10.3

点击 Windows 任务栏的【开始】按钮，在【所有程序】中找到【ArcGIS】/【ArcMap10.3】，启动该程序。

➢ 步骤 2：打开地图文档

启动程序后，会弹出启动对话框【ArcMap-Getting Started】（图 2-1），点击【Browse for more】，打开［Basic.mxd］文件（图 2-2），点击【OK】，显示界面如图 2-3 所示。

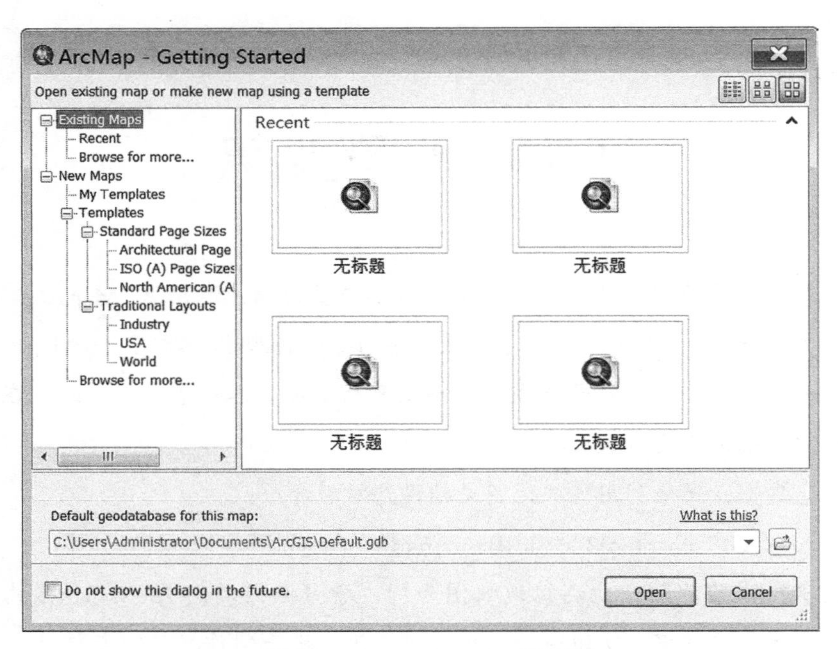

图 2-1　Getting Started 对话框

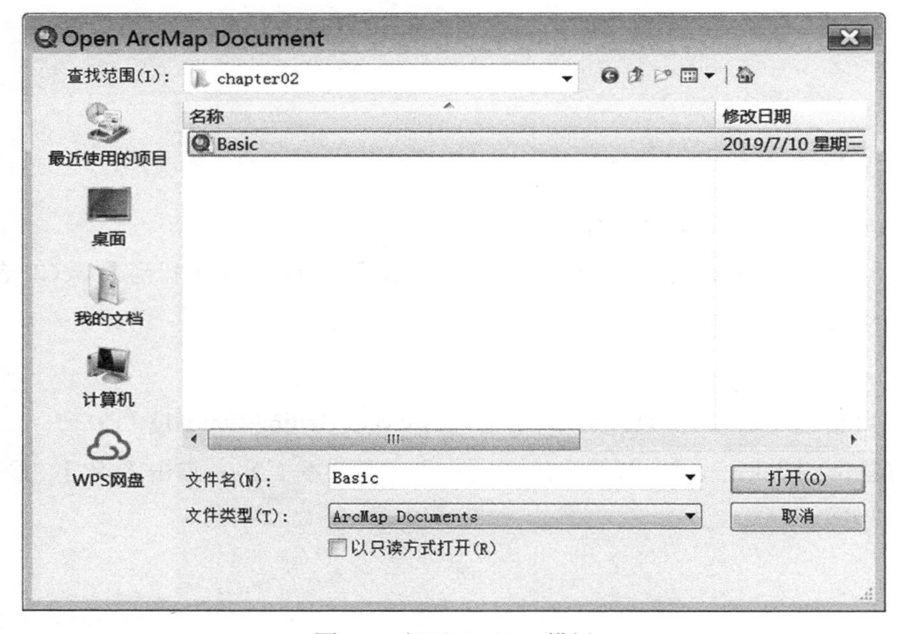

图 2-2　打开 ArcMap 模板

二、基础界面

打开地图文档后，界面由菜单栏、内容列表、显示面板、目录面板四个部分组成，图 2-3 已对其进行标注，下面分别对这四部分进行介绍。

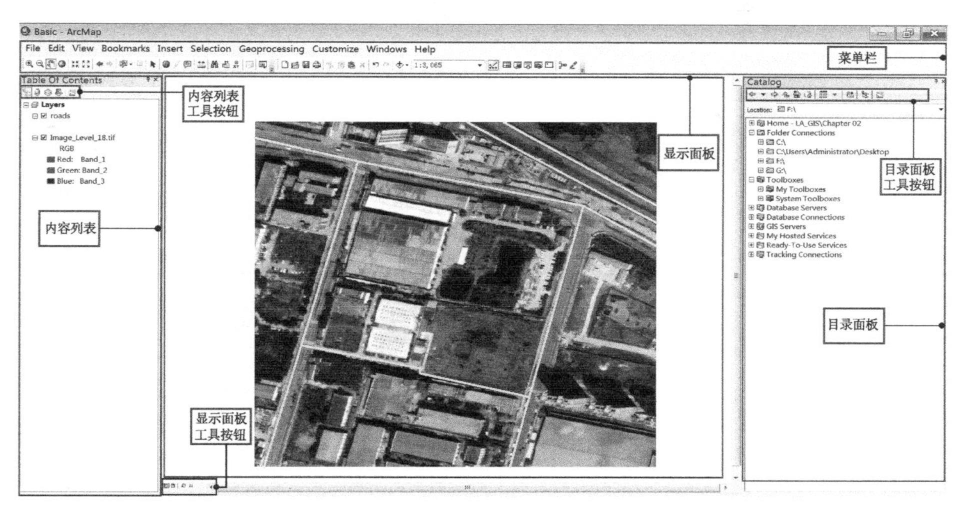

图 2-3 地图文档界面

（一）菜单栏

➢ 主菜单栏命令及其功能

ArcMap10.3 的主菜单栏包括 10 项下拉菜单（图 2-4），每个下拉菜单都有一系列命令。表 2-1 列举了各项菜单命令的功能。

File Edit View Bookmarks Insert Selection Geoprocessing Customize Windows Help

图 2-4 主菜单栏内容

主菜单栏功能介绍 **表 2-1**

菜单命令	功 能
File（文件）	文件管理工具，包括创建、读入或保存地图文档，打印或输出文件等
Edit（编辑）	编辑要素工具，包括返回上一步或下一步编辑，选择要素，剪切、复制、粘贴或删除要素等
View（视图）	切换视图模式，调整显示窗口，刷新视图内容或暂停画面等
Bookmarks（书签）	创建或管理书签
Insert（插入）	插入数据结构、标题、文本、图表边线、比例尺、指北针等要素
Selection（选择）	通过多种方式选择要素，常用的包括通过属性、位置或图表选择要素
Geoprocessing（地理处理）	对要素进行地理数据处理，包括建立缓冲区，实现要素的修剪、相交、联合、合并、分解等
Customize（自定义）	自定义管理工具，包括调用工具，管理拓展工具，编辑样式和选项等
Windows（窗口）	管理显示窗口和绘图窗口，包括创建新窗口、打开目录面板或内容列表等
Help（帮助）	启动帮助

➢ 默认工具条功能

在 ArcMap10.3 菜单栏中，默认工具条一般如图 2-5、图 2-6 所示，其他工具条可在菜单栏中调用。

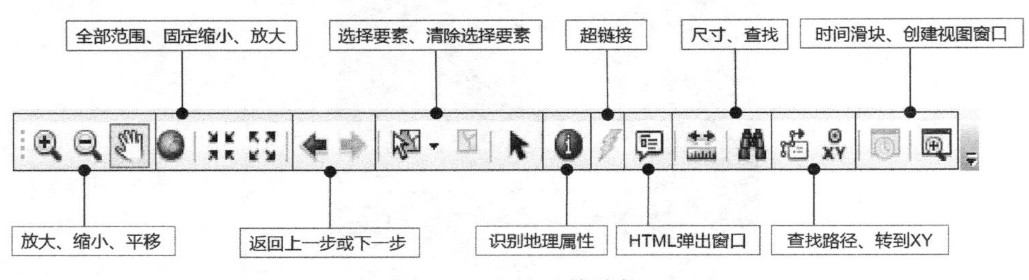

图 2-5　工具及其功能

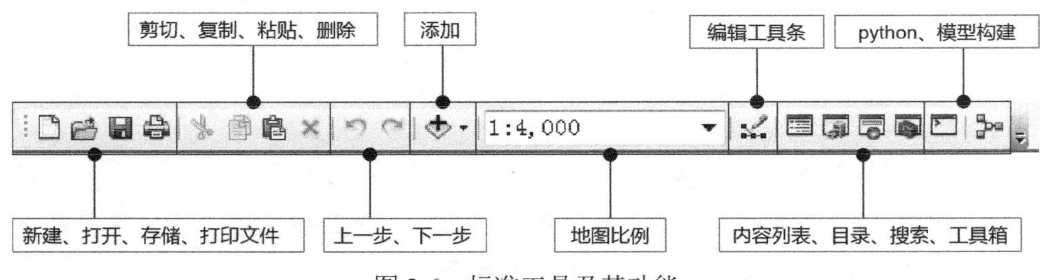

图 2-6　标准工具及其功能

➢ 调用工具条

鼠标右键点击菜单栏空白处，出现工具条列表。勾选需要调用的工具，如【Editor】工具（图 2-7）。调出【Editor】工具后，可按住工具条前端，移动工具条位置。或者，点击【Customize】，选择工具条【Toolbars】，在其子菜单栏中勾选【Editor】，即可调出【Editor】工具条（图 2-8）。

图 2-7　调用【Editor】工具

图 2-8　从自定义中调用【Editor】工具

（二）内容列表

内容列表【Table Of Contents】是 ArcMap 中用来管理图层的模块。在内容列表中，可通过勾选图层前的小框，关闭 / 显示图层；左键长按拖住图层，上移或下移，可调整图层顺序。在内容列表上端有五个工具按钮（图 2-9），前四个工具按钮主要是对内容列表中的图层进行不同方式的排列，最后一个【选项】按钮主要是调整内容列表的参数。

（三）显示窗口

显示窗口位于整个界面的中心区域，主要用来显示图像内容，对数据进行图像化表达。显示窗口包括两种视图，一种是数据视图，该视图为系统启动时的默认视图，主要用于数据编辑与数据分析；另一种是布局视图，该视图主要用于专题图制作，可添加图框、图名、指北针、比例尺等要素。这两种视图，可通过显示窗口左下角的工具按钮进行切换（图 2-10）。

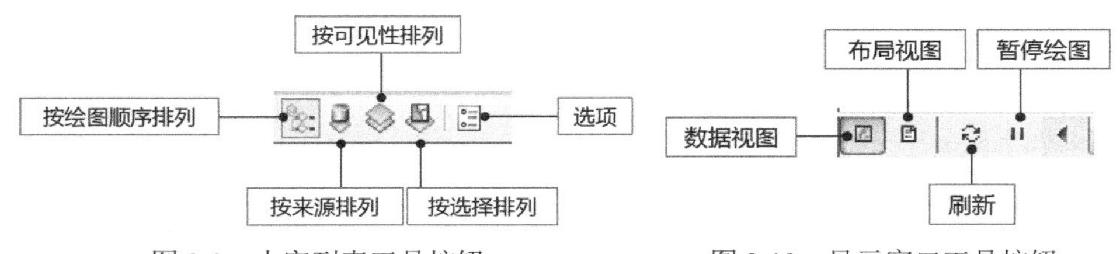

图 2-9　内容列表工具按钮　　　　图 2-10　显示窗口工具按钮

（四）目录面板

目录面板【Catalog】是 ArcMap 中，对 GIS 数据文件、GIS 处理结果进行组织和管理的模块。主要包括：主目录文件夹，即当前使用的文件夹；已链接文件夹，即可以直接将数据拖入内容列表中使用的文件夹；工具箱、数据库服务区、数据库连接、GIS 服务器等内容（图 2-11）。在目录面板上端有多个工具按钮，其主要功能如图 2-12 所注释。

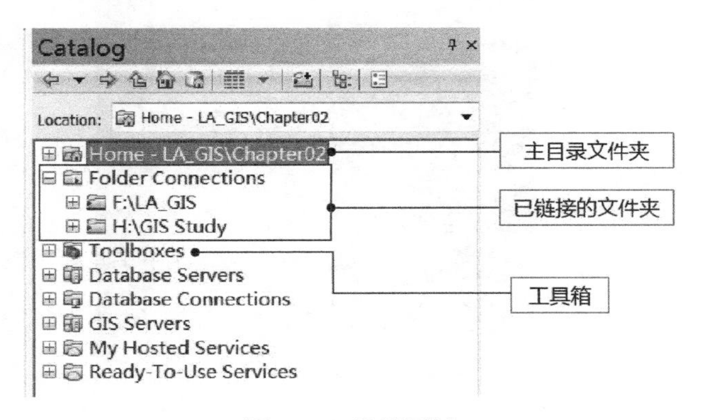

图 2-11　目录面板

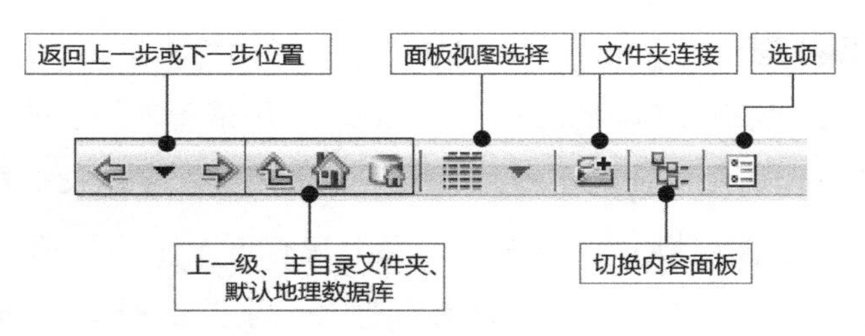

图 2-12　目录面板工具按钮

第二节　ArcMap 的基础操作

本章节以绘制土地利用现状图为例，对 ArcMap 的基础操作进行概要介绍。

一、创建地图文档

➢ 步骤 1：新建工作目录

新建文件夹（如 F:\LA_GIS\chapter 02），将所需数据拷贝到该文件夹。（注意：移动数据位置时，要以文件夹为单位整体移动。在修改文件夹名称前，建议备份文件夹，以免数据丢失或失效。）

➢ 步骤 2：新建地图文档

在 ArcMap 中，可以通过多种方式新建地图文档。方法 1：在启动 ArcMap 后，会弹出启动对话框【ArcMap-Getting Started】，点击【New Maps】(图 2-13)，双击空白地图【Blank Map】，即可新建地图文档。方法 2：在 ArcMap 菜单栏中，点击文件管理【File】，选择【New】，也可新建地图文档（图 2-14）。

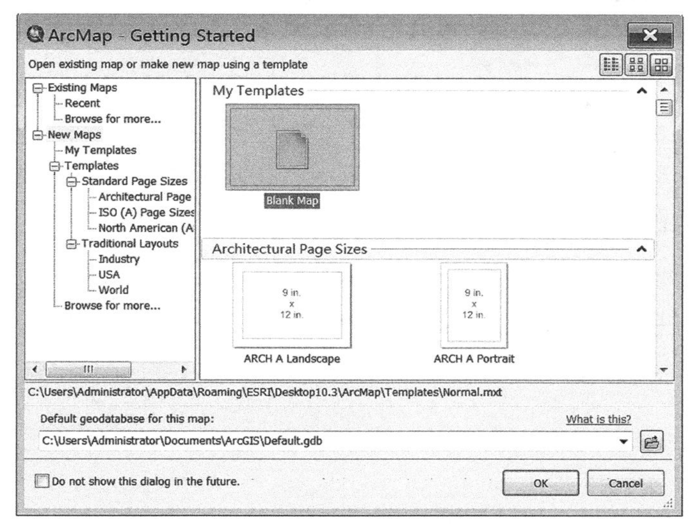

图 2-13　启动对话框

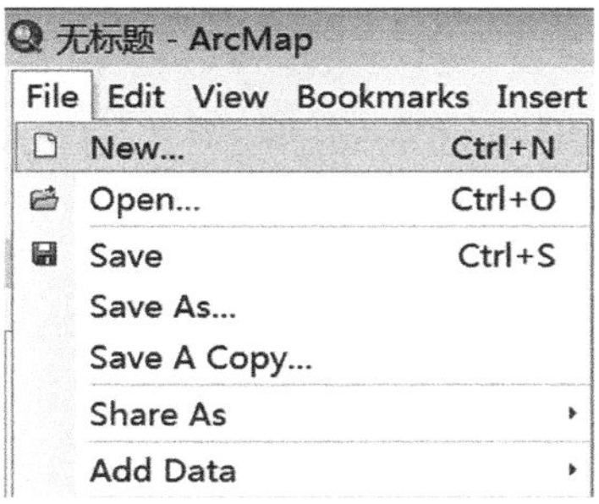

图 2-14　新建地图文档

➢ 步骤 3：保存地图文档

在菜单栏中点击【File】，选择【Save】，或者输入快捷键命令“ctrl ＋ S”，保存文档至新建的工作目录（如 F:\LA_GIS\chapter 02）。

二、加载基础数据

➢ 步骤 1：连接文件夹

点击工具条上的目录按钮，打开目录面板【Catalog】。点击目录面板【Catalog】上的连接到文件夹按钮，在弹出的面板中选择需要连接的文件夹（F:\LA_GIS\chapter 02）。或者右键点击文件夹连接【Folder Connections】，点击连接到文件夹【Connect to Folder】，选择需要连接的文件夹。

➢ 步骤 2：载入基础数据

方法 1：点击工具条上的添加数据【Add Data】按钮，在弹出的面板中选择需要添加的数据（F:\LA_GIS\chapter 02），点击【Add】，添加道路数据

［road.dwg］和影像图［Image.tiff］。

方法 2：点击目录面板【Catalog】，右击文件夹连接【Folder Connections】，在弹出的【Connect To Folder】面板中，选择需要连接的文件夹（如 F:\LA_GIS\chapter 02），点击【确定】，连接完成。在目录面板【Catalog】的已连接文件夹中选择文件［chapter 02］/［roads］/［road.shp］，长按拖入内容列表【Table Of Contents】。按照此类方法，在目录面板【Catalog】的已连接文件夹中选择文件［chapter 02］/［Image］/［Image.tiff］，将影像图文件［Image.tiff］拖入内容列表【Table Of Contents】。

三、构建 GIS 数据库

➢ 步骤 1：新建个人地理数据库

在目录面板【Catalog】中选择工作目录［F:\LA_GIS］文件夹，右键点击［chapter 02］，选择【New】，点击个人地理数据【Personal Geodatabase】，新建个人地理数据库，并命名为［tudiliyong］。

➢ 步骤 2：新建要素数据集

右键点击个人地理数据库［tudiliyong］，点击【New】，选择要素数据集【Feature Dataset】，在弹出的面板中将数据集命名为［yongdi］，点击【下一步】，选择坐标系（图 2-15）（注意：在地图绘制过程中，数据需使用同一种坐标系，本章节选用的坐标系为 WGS 1984）。点击【下一步】，接受默认设置，点击【Finish】，完成创建。

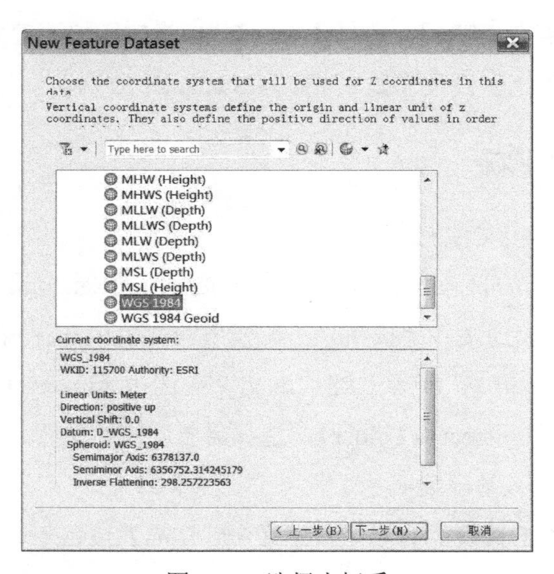

图 2-15　选择坐标系

➢ 步骤 3：新建要素类

右键点击要素数据集［yongdi］，点击【New】，选择新建要素类【Feature Class】，在弹出的面板中将要素类命名为［yongdi］。每个要素类只能存储一种类型的要素，所以我们在选择类型前，需要把握所需数据的整体框架。本章节主要是绘制土地现状利用图，所以在此选择面要素【Polygon Features】（图 2-16）。点击【下一步】，接受默认设置，点击【Finish】，新建完成。

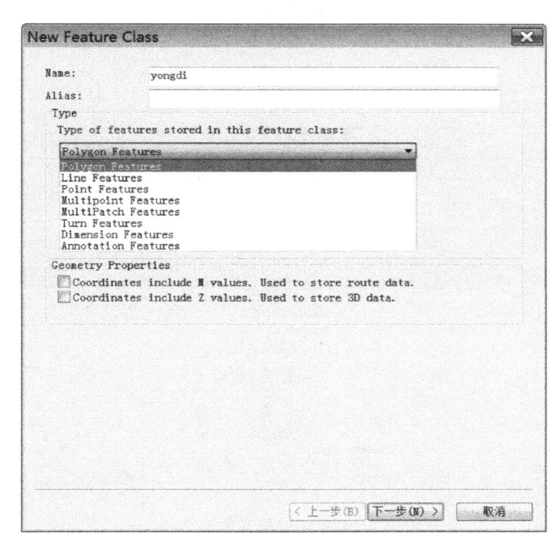

图 2-16　选择要素类型

➢ 步骤 4：创建 Shapefile 文件

Shapefile 文件是 GIS 中最常用的数据格式，它具有五种要素类型，包括点、线、面、多点、多路径。每个 Shapefile 文件只能存放一种要素类型。在目录面板【Catalog】中，右键点击目录文件夹［chapter 02］，在下拉命令中点击【New】，选择【Shapefile】，在弹出的面板中，将数据命名为［tudiliyong］，将要素类型设置为面要素【Polygon】，并点击【Edit】，选择坐标系（图 2-17）。点击【OK】，创建完成。

➢ 步骤 5：数据导入

在目录面板【Catalog】中，按照图 2-18 所示，右键点击要素类［yongdi］，在子菜单下点击【Load】，选择【Load Data】，在弹出的面板中点击【下一步】，在加载数据栏中选择上一步新建的 Shapefile 文件［tudiliyong.shp］，点击【Add】（图 2-19），点击【下一步】，接受默认设置，点击【Finish】，完成数据导入。按照上述操作，可继续导入其他所需基础数据，如道路要素［roads］等，便于数据的统一存储和管理。

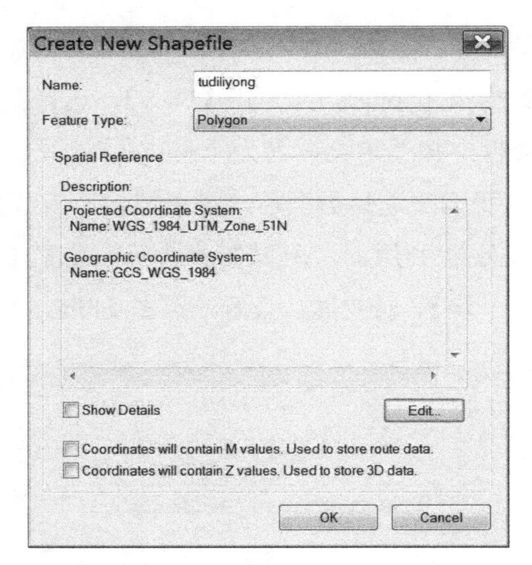

图 2-17　新建 shapefile 文件

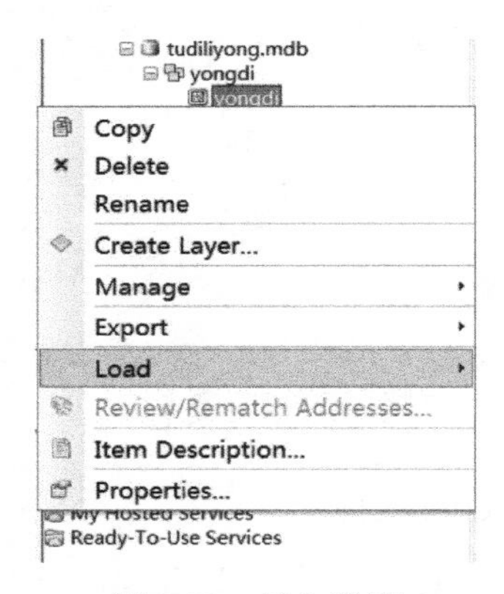

图 2-18　导入数据

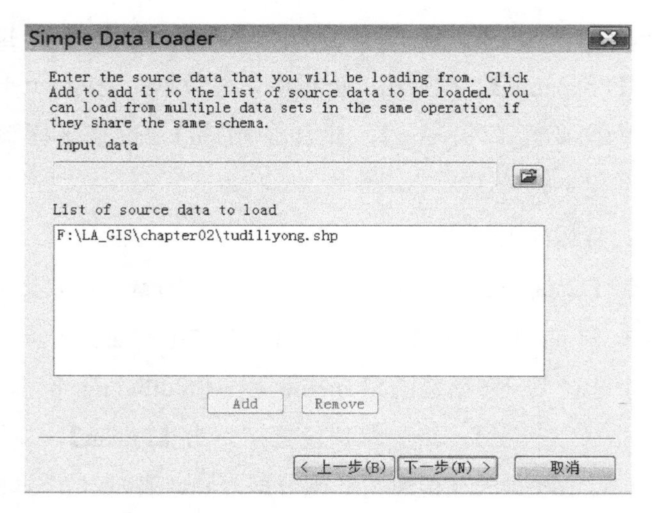

图 2-19　添加导入数据

四、编辑几何数据

➢ 步骤 1：打开编辑器，开始编辑

右键点击菜单栏空白处，在弹出的下拉栏中点击编辑器【Editor】，将编辑器调出至工具条。点击编辑器【Editor】，在下拉菜单中点击【Start Editing】，选择需要编辑的图层，点击继续【Continue】。

➢ 步骤 2：打开创建要素面板

在编辑器【Editor】工具条上，点击创建要素按钮，则在界面右侧弹出创建要素面板【Create Features】，选择需要编辑的要素［yongdi］（图 2-20），在下端的构造工具【Construction Tools】中，选择【Polygon】（图 2-21），开始创建绘图。

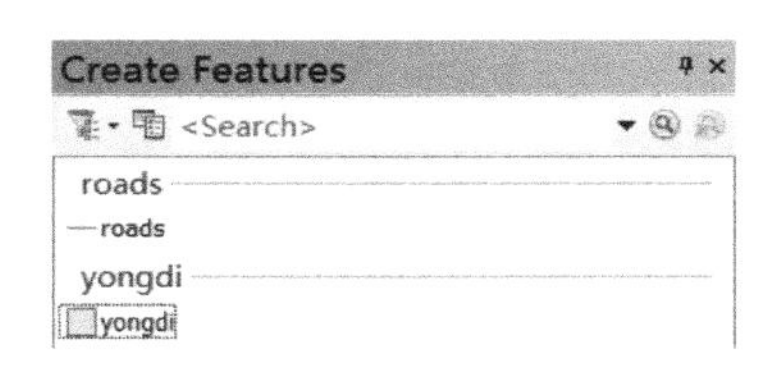

图 2-20 选择创建要素

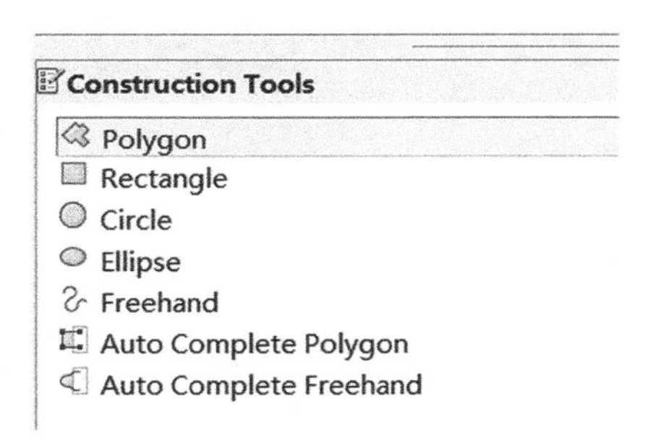

图 2-21 选择构造要素类型

➢ 步骤 3：调整几何数据的图层

为让几何数据不受遮挡，需要调整图层顺序。在内容列表【Table Of Contents】中，长按图层［Image］，下移至几何数据图层之下。

➢ 步骤 4：绘制几何图形

紧接上述操作，依次点击图形顶点，双击完成绘制。在绘制过程中，根据不同的绘制需求，在编辑器工具条选择不同的工具按钮。以下通过图 2-22，对该工具条进行功能注释。（注意：绘图前可点击【Editor】下拉菜单下的【Snapping】，选择【Snapping Toolbar】，打开捕捉工具，辅助绘图。）

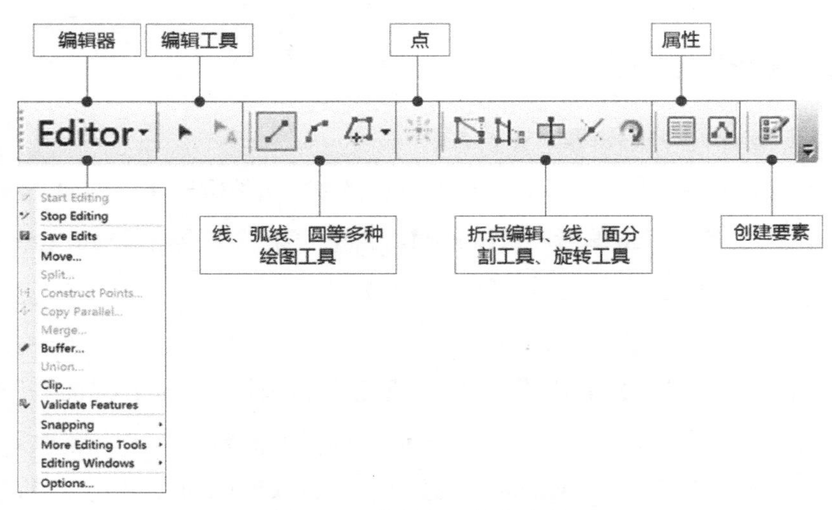

图 2-22　编辑器工具条注释

➢ 步骤 5：调整图层透明度，以便更好地参考影像图

双击［yongdi］图层，打开图层属性【Layer Properties】，切换到显示【Display】选项卡，设置透明度【Transparent】为 50%，点击【确定】，设置完成（图 2-23）。

图 2-23　透明度调整

五、编辑属性数据

➢ 步骤 1：添加字段

在编辑器【Editor】中点击停止编辑【Stop Editing】并保存编辑。在内容列表【Table Of Contents】中右键点击图层［yongdi］，选择【Open Attribute Table】，打开属性表，再点击表选项，在下拉菜单中选择【Add Field】添加字段。（注意：添加字段需在停止编辑状态下进行。）在弹出的【Add Field】对话框中，设置字段名称为【yongdixingzhi】，字段类型为【Text】，字符长度为【20】（图 2-24），点击【OK】，添加字段完成。

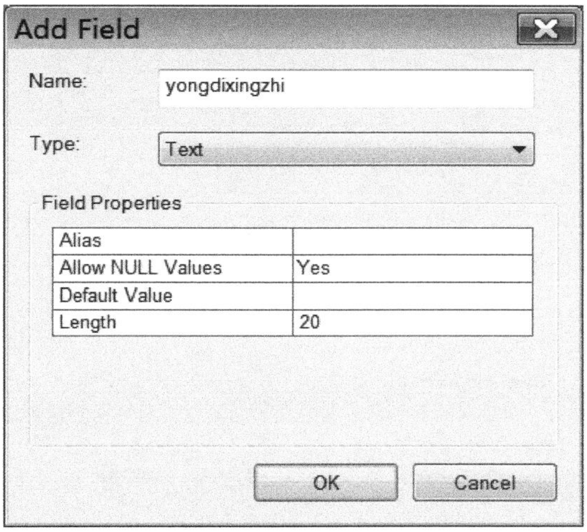

图 2-24　添加属性

➢ 步骤 2：添加、修改属性

添加、修改属性有多种方式。本书介绍两种主要方式，一种是在属性对话框【Attibutes】中修改，另一种是在属性表中修改。

方法一：在编辑器【Editor】中点击开始编辑【Start Editing】，使图层处于编辑状态。点击编辑工具按钮，在显示窗口选择需要编辑的地块。点击编辑器工具条上的属性按钮，打开图层属性【Attributes】对话框（图 2-25），在【yongdixingzhi】旁的单元格中输入用地性质，如 G1。

方法二：在编辑器【Editor】中点击开始编辑【Start Editing】，使图层处于编辑状态。在内容列表【Table Of Contents】中右键点击图层［yongdi］，选择【Open Attribute Table】，打开属性表，在【yongdixingzhi】列表中输入属性，如 G1（图 2-26）。

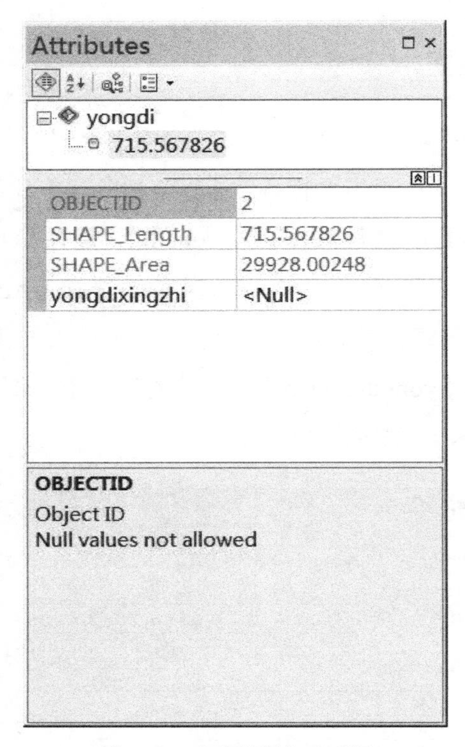

图 2-25 图层属性对话框

Table

yongdi

OBJECTID *	SHAPE *	yongdixingzhi
2	Polygon	G1
7	Polygon	H11
8	Polygon	H11
9	Polygon	H11
10	Polygon	H22
13	Polygon	G1

图 2-26 属性表中编辑属性

➢ 步骤 3：计算用地面积及周长

按照步骤 1，在属性表中添加浮点型字段【SHAPE_Area】，右键点击【SHAPE_Area】，点击几何计算【Calculate Geometry】，在属性【Property】下拉栏中选择面积【Area】，坐标系将自动识别属性坐标系，并接受默认选择的单位为平方米（图 2-27），点击【OK】，生成面积数据，按照此操作还可计算用地周长【SHAPE_Length】，计算结果如图 2-28 所示。

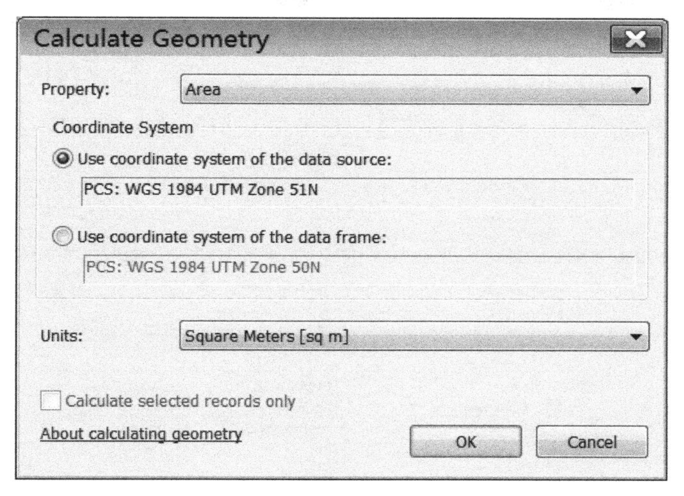

图 2-27 几何计算

Table

yongdi

OBJECTID *	SHAPE *	SHAPE_Lengt	SHAPE_Area	yongdixingzhi
2	Polygon	715.567826	29928.00248	G1
7	Polygon	709.637994	17256.379166	H11
8	Polygon	125.784436	855.438856	H11
9	Polygon	320.411837	5586.799747	H11
10	Polygon	963.429066	5428.702157	H22
13	Polygon	230.80083	3102.650693	G1

图 2-28 计算结果

➢ 步骤 4：停止并保存编辑

在编辑器【Editor】下拉菜单中点击停止编辑【Stop Editing】，在弹出的是否保存编辑选项中，选择【是】，则编辑属性完成。

六、数据符号化

➢ 步骤 1：打开图层属性

在内容列表【Table Of Content】中，双击图层［yongdi］，即可打开图层属性【Layer Properties】对话框。

➢ 步骤 2：生成符号化图像

在图层属性对话框中点击符号系统【Symbology】，开始设置符号化参数。在显示栏【Show】中，选择显示类别【Categories】为唯一值【Unique】。在值字段【Value Field】下拉栏中选择【yongdixingzhi】，作为符号化的字段。点击【Add All Value】，添加所有字段值（图 2-29）。根据城市建设用地分类标准，不同的土地利用类型有不同的颜色使用标准。双击 G1 类型的色块，打开符号选择器【Symbol Selector】（图 2-30），选择所需颜色，点击【OK】。依次更改【H11】【H22】的颜色，点击【确定】，则可生成符号化图像（图 2-31）。

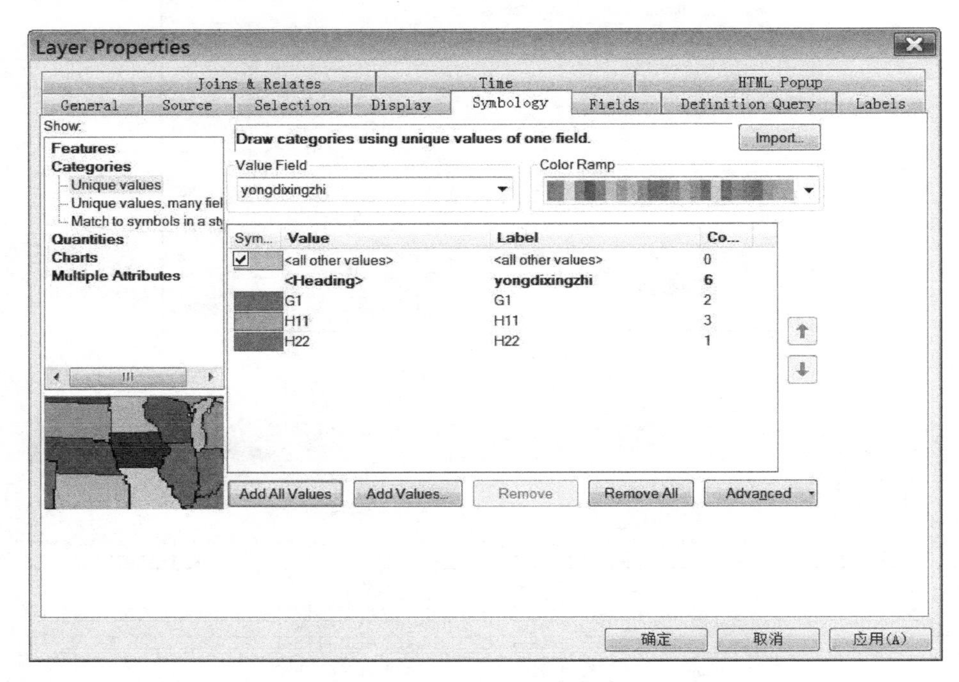

图 2-29 添加所有字段值

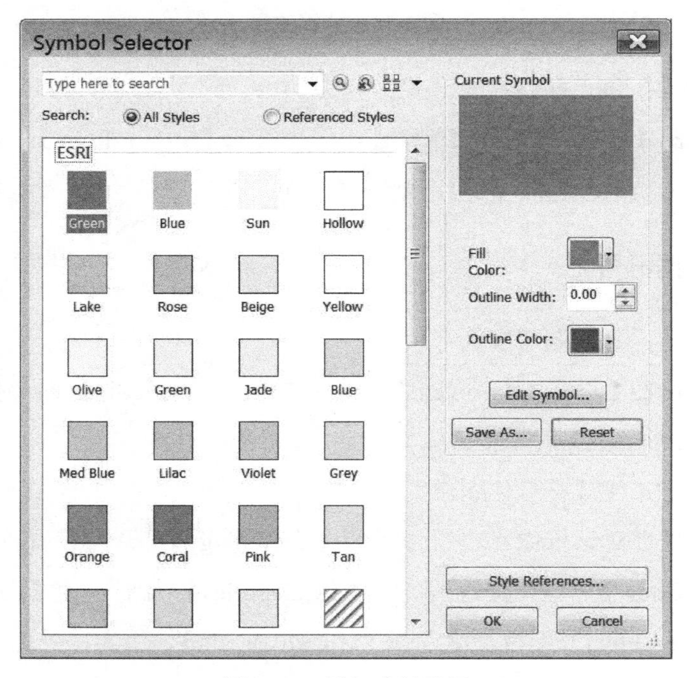

图 2-30 颜色选择结果

图 2-31　符号化结果

七、添加文字标注

➢ 步骤 1：自动标注用地性质

在内容列表【Table Of Content】中，双击图层［yongdi］，打开图层属性【Layer Properties】对话框。切换至标注【Labels】，选择标注字段为【yongdi xingzhi】。点击放置属性【Placement properties】，设置标注的放置位置，选择始终水平【Always horizontal】，勾选【Only place label inside polygon】，并选择每个要素放置一个标注【Place one label per feature】（图 2-32），点击【确定】。在文本符号【Text String】中设置标注样式，选择字体和字号为宋体 12 号，颜色为黑色。勾选【Lable features in this layer】（图 2-33），即可标注此图层中的要素。点击【确定】，生成标注效果（图 2-34）。如若需要关闭或显示标注，右击图层［yongdi］，选择标注要素【Label Features】（图 2-35）。

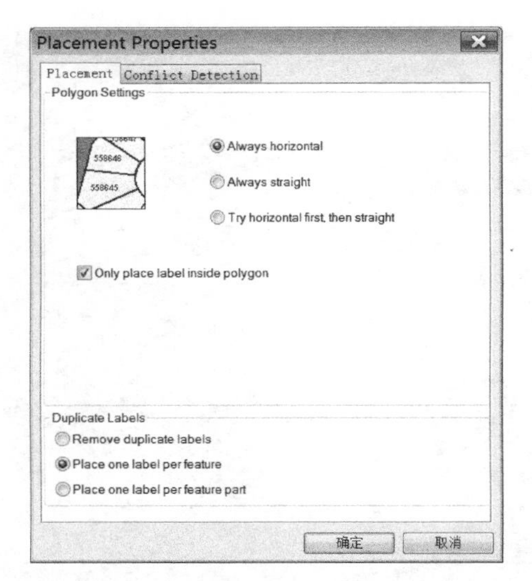

图 2-32　放置属性

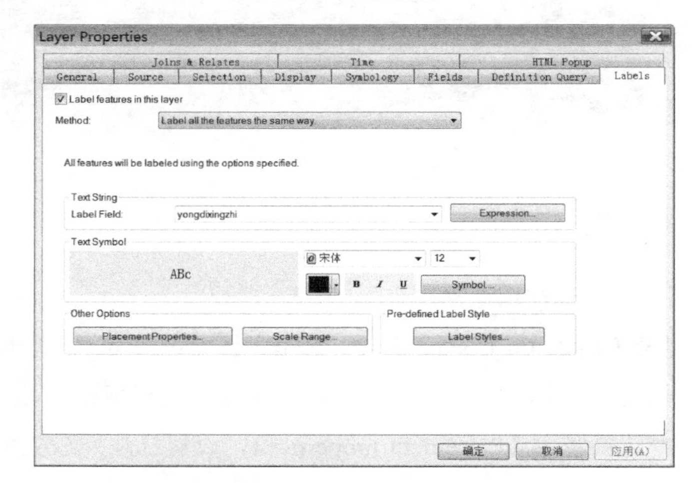

图 2-33　勾选标注此图层中的要素

图 2-34　标注效果

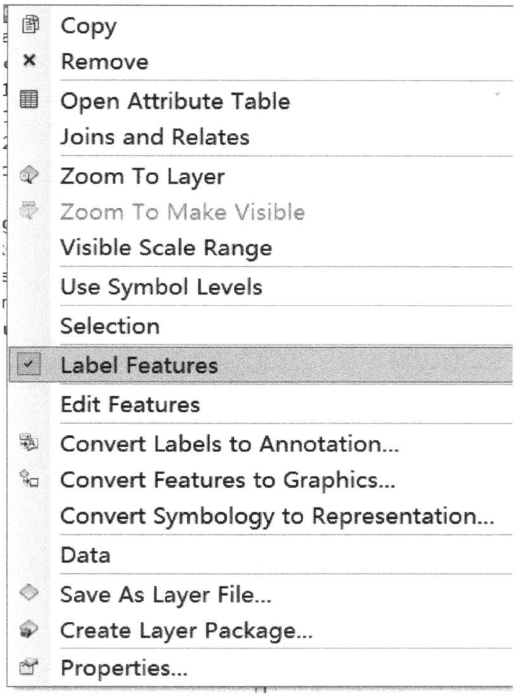

Copy
Remove
Open Attribute Table
Joins and Relates
Zoom To Layer
Zoom To Make Visible
Visible Scale Range
Use Symbol Levels
Selection
Label Features
Edit Features
Convert Labels to Annotation...
Convert Features to Graphics...
Convert Symbology to Representation...
Data
Save As Layer File...
Create Layer Package...
Properties...

图 2-35 关闭或显示标注

➢ 步骤 2：用 Geodatabase 注记添加路名

使用 Geodatabase 注记添加路名便于路名的保存与调用，减少文件丢失的风险。使用这种方法通常分为两步，新建要素类和编辑路名。

新建注记要素类。在目录面板【Catalog】中点击地理数据库［tudiliyong.mdb］，选择要素数据集［yongdi］，右击［yongdi］，选择【New】，点击要素类【Feature Class】，在弹出的创建面板中，将新建要素类命名为［luming］，类型为注记要素【Annotation Feature】（图 2-36）。点击【下一步】，选择参考比例【Refrence Scale】为【1∶1000】，点击【下一步】。点击【Rename】重命名注记类型名为［luming］，选择字体和字号为宋体 12 号，颜色为黑色（图 2-37），点击【Finish】，完成新建。

编辑路名。打开编辑器【Editor】，点击【Start Editing】，进入编辑状态。在创建要素面板【Creat Features】中，选择［luming］，在构造工具【Construction Tools】中选择水平【Horizontal】，并在注记构造【Annotation Constrution】中输入路名“龙蟠路”。点击停止编辑【Stop Editing】，并保存编辑（图 2-38）。

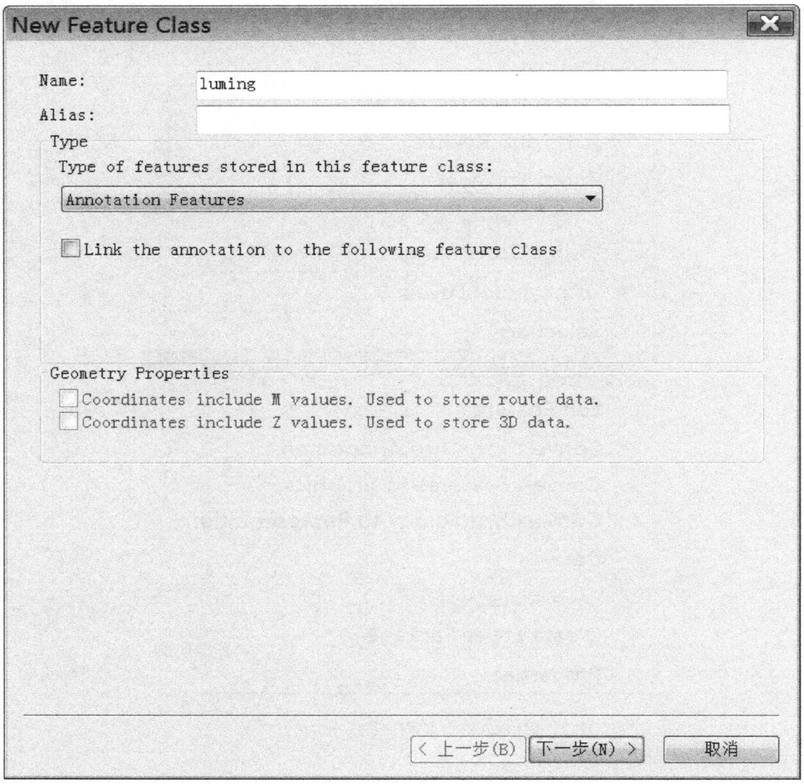

图 2-36　注记要素创建

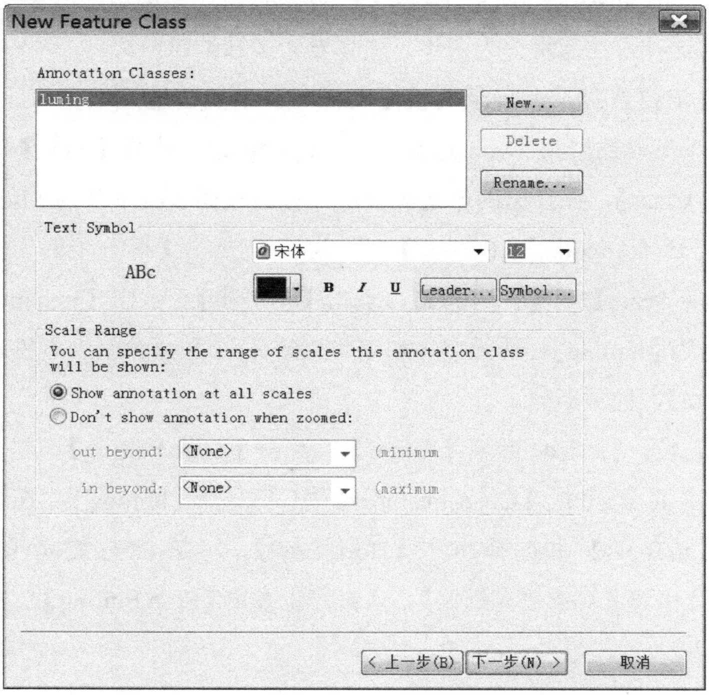

图 2-37　注记要素属性编辑

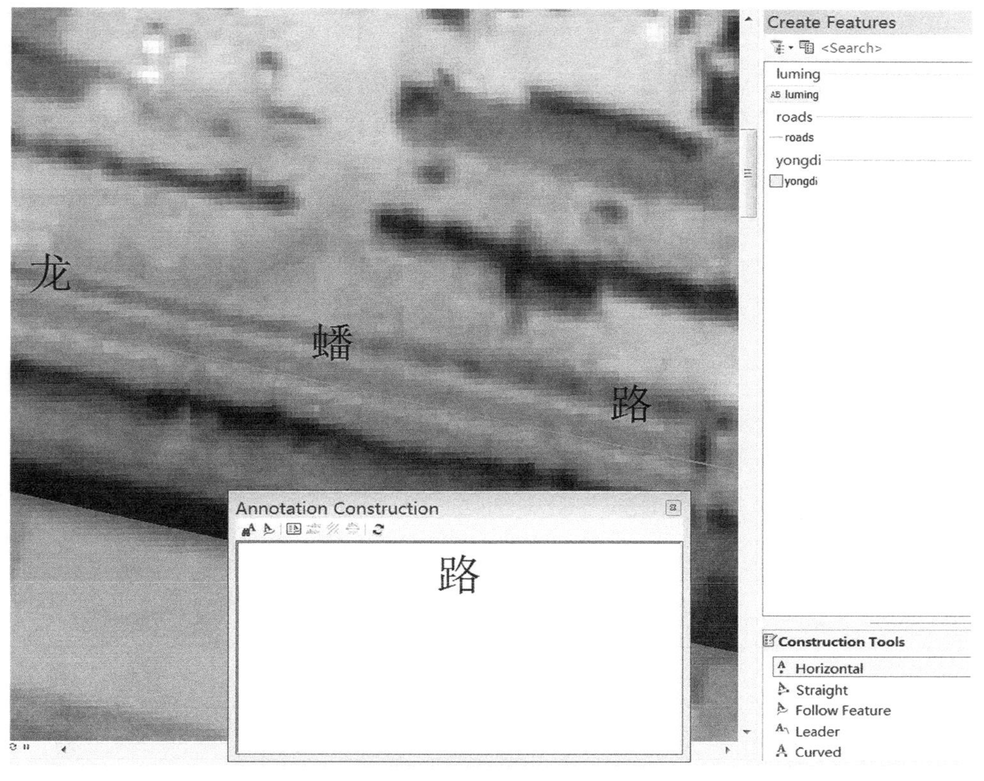

图 2-38 注记要素编辑路名

第三节 ArcMap 符号化

通过上节对数据符号化的初步介绍，可发现 ArcMap 符号化可实现数据的可视化，其主要符号化类型有：单一符号、类别符号、数量符号、图表符号、组合符号等，本章节以土地利用地图文档［Basic.mxd］（F:\LA_GIS\chapter 02\03）为例，分别介绍各类符号化类型。

一、单一符号

单一符号忽略要素属性，使用同一种颜色、形状的几何符号来显示数据内容。使用单一符号的步骤为：在内容列表【Table Of Content】中，双击图层［yongdi］，即可打开图层属性【Layer Properties】对话框。在图层属性对话框中点击符号系统【Symbology】，开始设置符号化参数。在显示栏【Show】中，选择显示要素【Features】为单一符号【Single symbols】（图 2-39）。

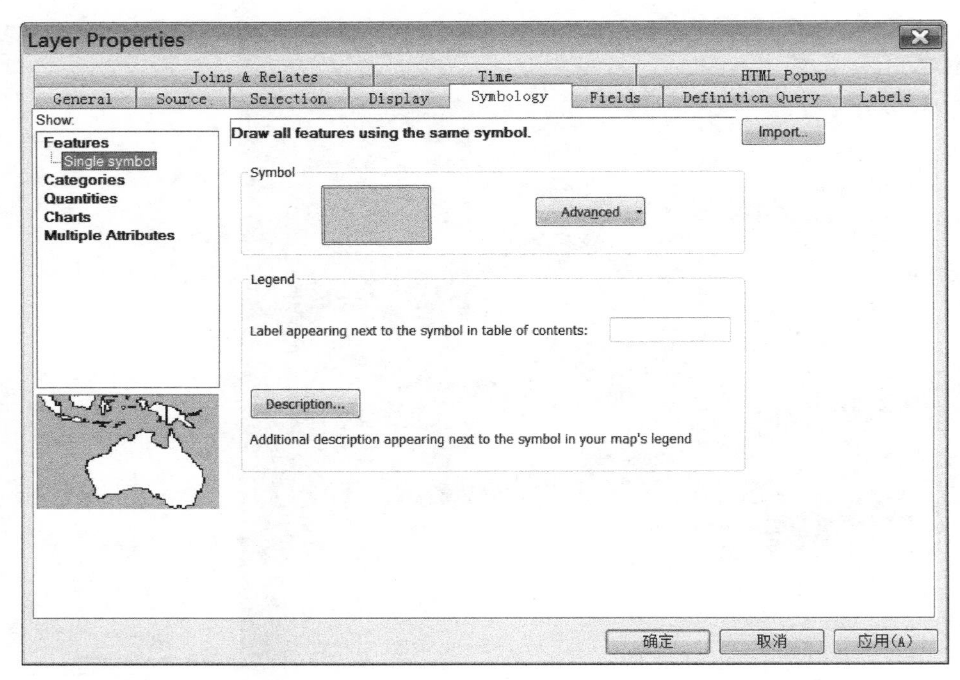

图 2-39 单一符号

二、类别符号

类别符号是根据要素属性值的异同，对要素进行分类分级符号化表达，其主要包括三种方式：1）唯一值；2）唯一值、多个字段；3）匹配样式中的符号。

➢ 唯一值

以要素中的某一个属性数据为分类依据，对该要素进行符号化表达。其操作步骤为：打开图层属性【Layer Properties】对话框，点击符号系统【Symbology】，在显示栏【Show】中，选择显示类别【Categories】为唯一值【Unique】。在值字段【Value Field】下拉栏中选择字段【yongdixingzhi】，点击【Add Value】，添加字段值，并可双击色块更改颜色，详细操作见本章第二节数据符号化。

➢ 唯一值、多个字段

以要素中的多个属性数据为依据，对该要素进行符号化表达。操作与【Unique】基本一致，不同处是需在多个值字段【Value Field】下拉栏中选择字段。

➢ 匹配样式中的符号

以其他要素的符号化为参考，对该要素进行符号化表达。其操作步骤为：打开图层属性【Layer Properties】对话框，点击符号系统【Symbology】，在显示栏【Show】中，选择显示类别【Categories】为匹配样式符号【Match to a symbols in a style】，在值字段【Value Field】下拉栏中选择字段【yongdixingzhi】，在匹配样式符号【Match to symbols in style】下拉栏中选择参考的要素目录，点击【确定】。

三、数量符号

数量符号是通过对要素属性的数值大小进行分类分级，并对不同数量级别进行不同的符号化表达。其主要包括分级色彩、分级符号、比例符号、点密度符号。本小节以用地的面积为例，对其进行数量符号化表达。

➢ 分级色彩：利用不同色彩表达不同数量级别的属性

操作步骤为：双击图层［yongdi］，打开图层属性【Layer Properties】对话框，点击符号系统【Symbology】，在显示栏【Show】中，选择显示数量【Quantities】下的分级色彩【Graduated Colors】。在值字段【Value Field】下拉栏中选择字段【SHAPE_Area】，并在分类栏【Classification】中点击分类【Classify】，在分类面板中设置打断值为 1000、3000、6000、15000、30000（图 2-40），点击【OK】，并在颜色渐变【Color Ramp】中选择色带，点击【确定】，完成分级色彩符号化（图 2-41）。

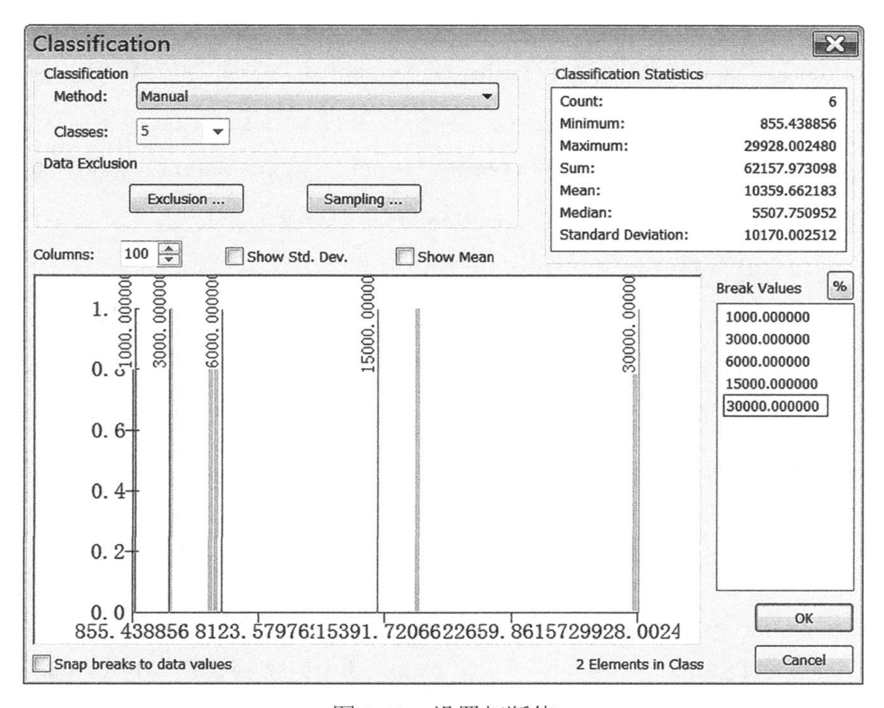

图 2-40　设置打断值

图 2-41　分级色彩结果

➢ 分级符号：利用不同符号表达不同数量级别的属性

操作步骤：双击图层［yongdi］，打开图层属性【Layer Properties】对话框，点击符号系统【Symbology】，在显示栏【Show】中，选择显示数量【Quantities】，点击分级符号【Graduated Symbols】。在值字段【Value Field】下拉栏中选择字段【SHAPE_Area】，并在分类栏【Classification】中点击分类【Classify】，在分类面板中设置打断值为 1000、3000、6000、15000、30000，点击【OK】，并在颜色渐变【Color Ramp】中选择色带，点击【确定】，完成分级色彩符号化（图 2-42）。

➢ 比例符号：要素属性数值按大小进行分级，且符号按比例表达

操作步骤：双击图层［yongdi］，打开图层属性【Layer Properties】对话框，点击符号系统【Symbology】，在显示栏【Show】中，选择显示数量【Quantities】下的比例符号【Proportional Symbols】，点击【确定】，生成图 2-43 所示画面。

➢ 点密度符号：通过不同大小、密度的点状符号表达不同分级的属性数值

操作步骤：双击图层［yongdi］，打开图层属性【Layer Properties】对话框，点击符号系统【Symbology】，在显示栏【Show】中，选择显示数量【Quantities】下的点密度【Dot density】，在字段选择【Field Selection】中双击选择【SHAPE_

Area】，点击【确定】（图 2-44），生成符号化表达图（图 2-45）。

图 2-42　分级符号结果

图 2-43　比例符号结果

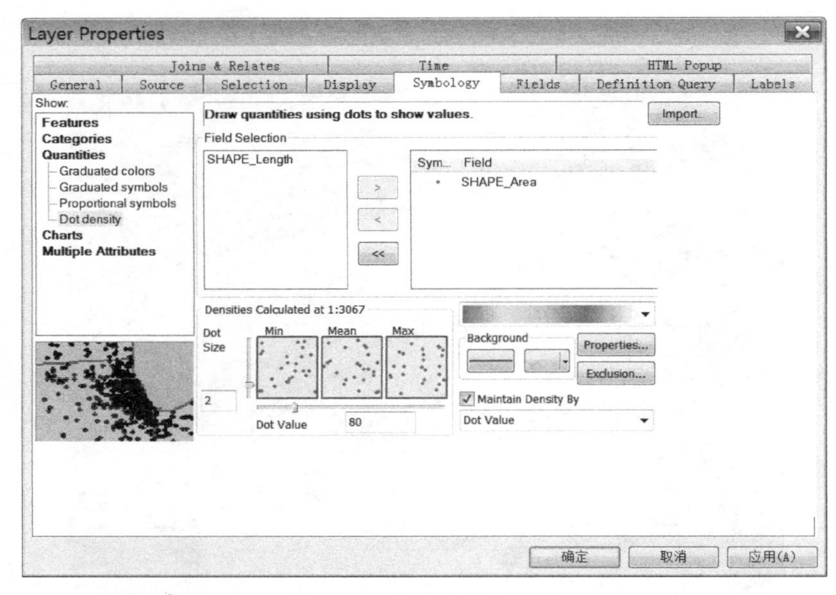

图 2-44 点密度符号设置

图 2-45 点密度符号化

四、图表符号

图表符号可以表达要素中的多种属性数值，常用的图表符号有饼状图、条状图、柱状图、堆叠柱状图等。操作步骤为：双击图层［yongdi］，打开图层属性【Layer Properties】对话框，点击符号系统【Symbology】，在显示栏【Show】中，选择显示图表【Charts】下的饼状图【Pie】，在字段选择【Field Selection】中双击选择【SHAPE_Area】【SHAPE_Length】，点击【Size】，调整尺寸，点击【确定】，生成饼状图（图 2-46）。类似方法可以生成柱状图和堆叠柱状图，如图 2-47 和图 2-48 所示。

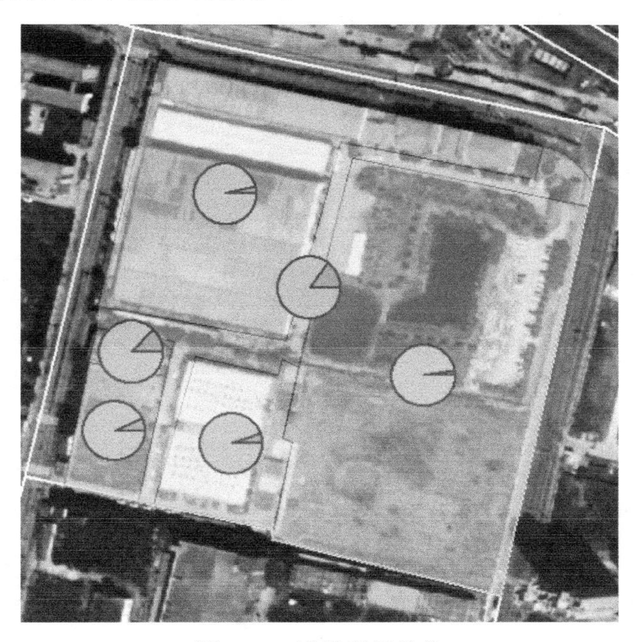

图 2-46 饼状图符号化

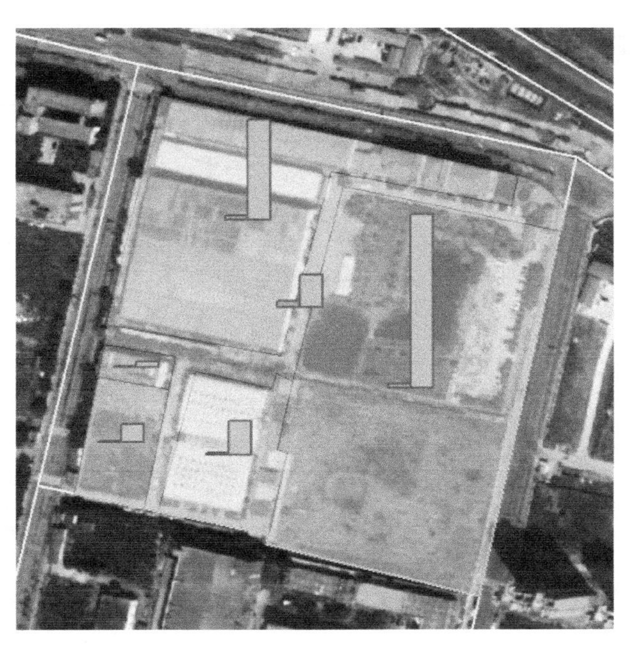

图 2-47 柱状图符号化

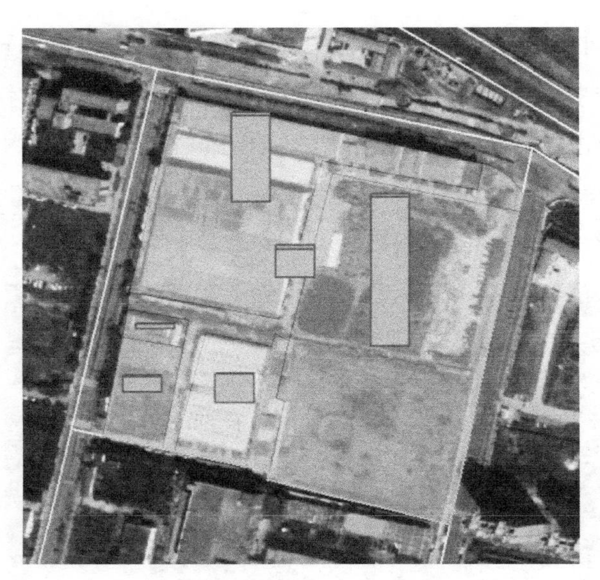

图 2-48　堆叠柱状图符号化

五、组合符号

组合符号将分级色彩与分级符号组合使用，共同表达属性数值。其操作步骤为：双击图层［yongdi］，打开图层属性【Layer Properties】对话框，点击符号系统【Symbology】，在显示栏【Show】中，选择【Multiple Attributes】，点击【Quantity by category】，在面板的【Value Field】下拉栏中选择属性字段，并选择设置【Color Ramp】和【Symbol Size】，点击【确定】，设置完成，生成组合符号表达图（图 2-49）。

图 2-49　组合符号表达

第四节　ArcMap 制图布局

➢ 步骤 1：打开地图文档数据

文档路径为（F:\LA_GIS\chapter 02\04\zhuantitu.mxd）

➢ 步骤 2：打开布局视图

在显示窗口下的工具条中，点击布局视图按钮，切换到布局视图。

➢ 步骤 3：设置专题图尺寸

在主菜单栏中点击文件【File】，在下拉菜单中点击页面和打印设置【Page and Print Setup】，在弹出的对话框中，设置尺寸【Size】为【A3】，方向【Orientation】为横向【Landscape】（图 2-50），点击【OK】。

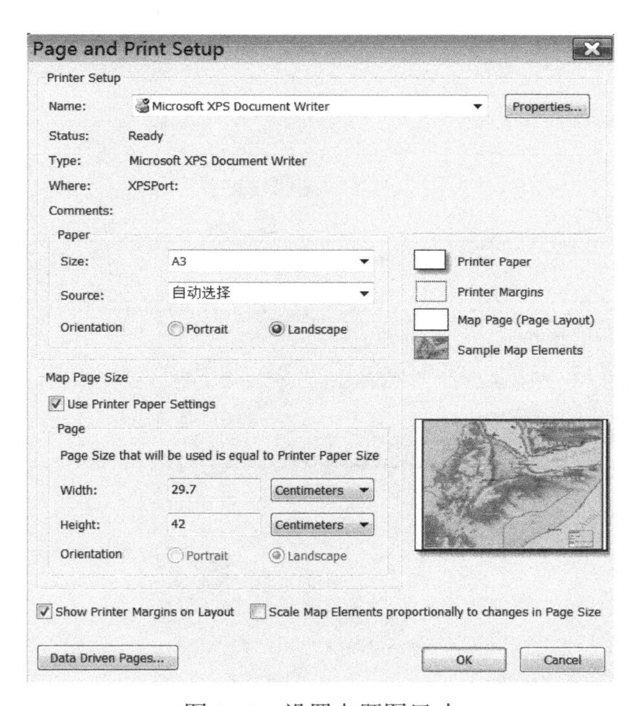

图 2-50　设置专题图尺寸

➢ 步骤 4：调整布局

在工具条中点击【Select Elements】选择元素按钮，点击布局视图中的内容框。通过拖拉编辑点，将内容框调整到合适的位置。此外，可通过等工具，调整图纸内容的比例。

➢ 步骤 5：添加内图廓线

在专题图制作过程中，需要添加标题、指北针、比例尺、图例等要素，这就需要通过添加内图廓线来辅助排版。在主菜单栏中点击插入【Insert】，选择内图廓线【Neatline】，在弹出的对话框中，设置放置位置、图框大小、图框背景等（图 2-51），点击【OK】。使用选择元素按钮，点击选择新生成的内图廓线，通过拖拉编辑点，将其调整到合适的位置。按照此操作，再新增两个内图廓线。结果如图 2-52 所示。如若需要调整内图廓线的背景，线框等设置，双击内图廓线，打开属性对话框【Properties】，调整参数即可修改。

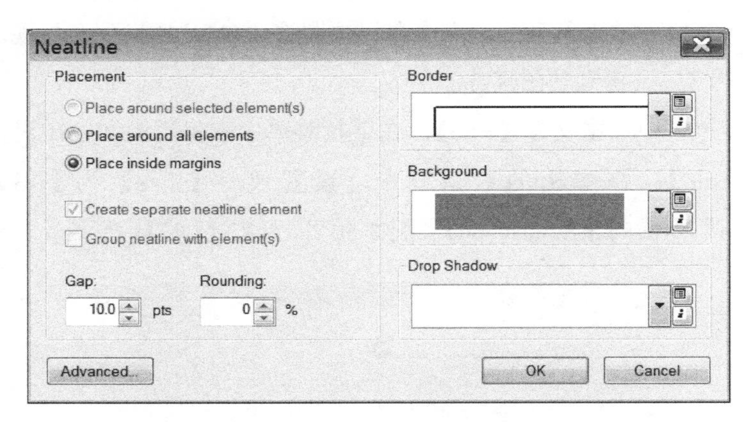

图 2-51　内图廓线设置

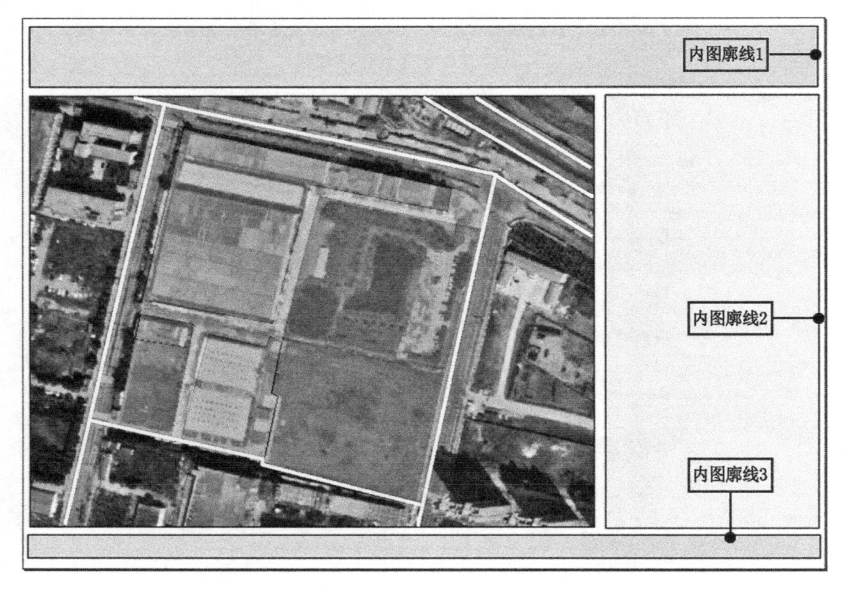

图 2-52　内图廓线添加完成

➢ 步骤 6：添加标题

在主菜单栏中点击插入【Insert】，在下拉菜单中选择文本【Text】。双击文本框，打开文本属性对话框【Properties】，在对话框中输入文本［土地利用现状图］。点击更改符号【Change Symbols】，设置字体为宋体 60 号字体，颜色为黑色（图 2-53），点击【OK】。使用选择元素按钮，调整标题位置。按照此操作，继续添加文本即副标题［—— ×× 街道 ×× 片区］（图 2-54）。

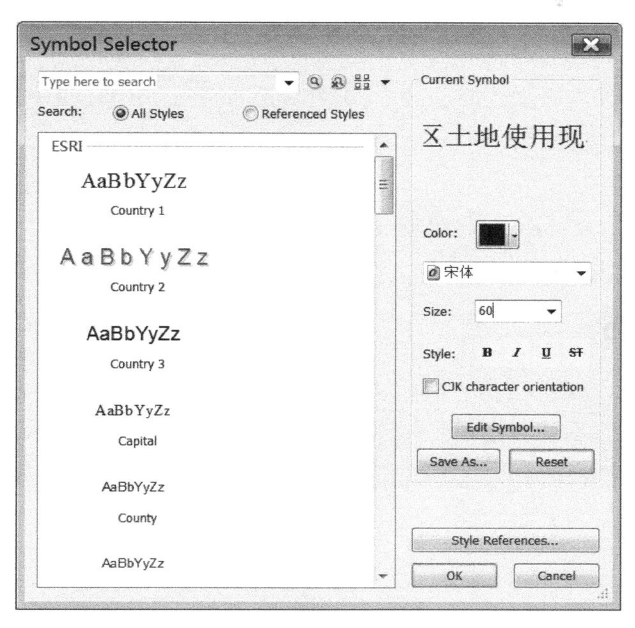

图 2-53　设置标题字体

图 2-54　添加标题完成

➢ 步骤 7：添加图例

在主菜单栏中点击插入【Insert】，在下拉菜单中选择图例【Legend】，在弹出的图例向导【Legend Wizard】中，使用加入按钮或取消按钮，使图例项【Legend Items】中有图层［yongdi］。点击【下一步】，将图例标题【Legend Title】面板中输入文本［图例］，其他设置如图 2-55 所示。点击【完成】，调整图例位置。

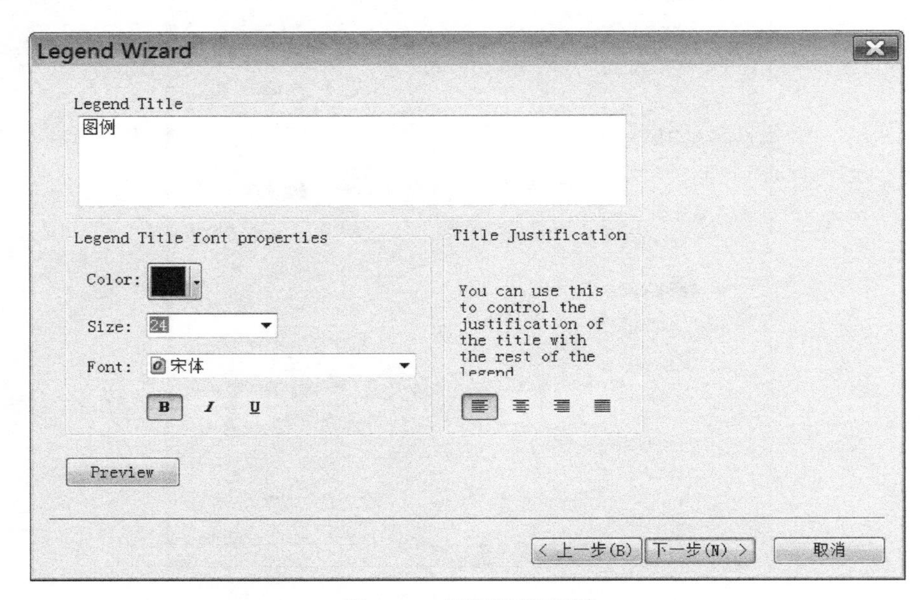

图 2-55　图例标题设置

➢ 步骤 8：整理图例

在内容列表【Table Of Content】中双击图层［yongdi］，打开图层属性【Layer Properties】，切换到符号系统【Symbology】，取消其他所有值【all other values】前的勾选，点击【确定】，删除图例上的【all other values】字样。双击图例，打开属性【Properties】，切换到项目【Items】，在面板中点击样式【Style】，在对话框中选择【Horizontal Single Symbol Description Only】，即设置为仅单一符号标注保持水平（图 2-56），点击【OK】。在项目【Items】选项卡中点击【Symbol】，设置图例字体大小为【20】，点击【OK】，点击【确定】，生成图例（图 2-57）。由于图例中显示的是用地性质代码，不能直观地表示土地利用类型，需要添加说明文字。双击［yongdi］，打开图层属性【Layer Properties】，切换到符号系统【Symbology】，在标注【Label】中添加文字说明（图 2-58），则可生成图例（图 2-59）。

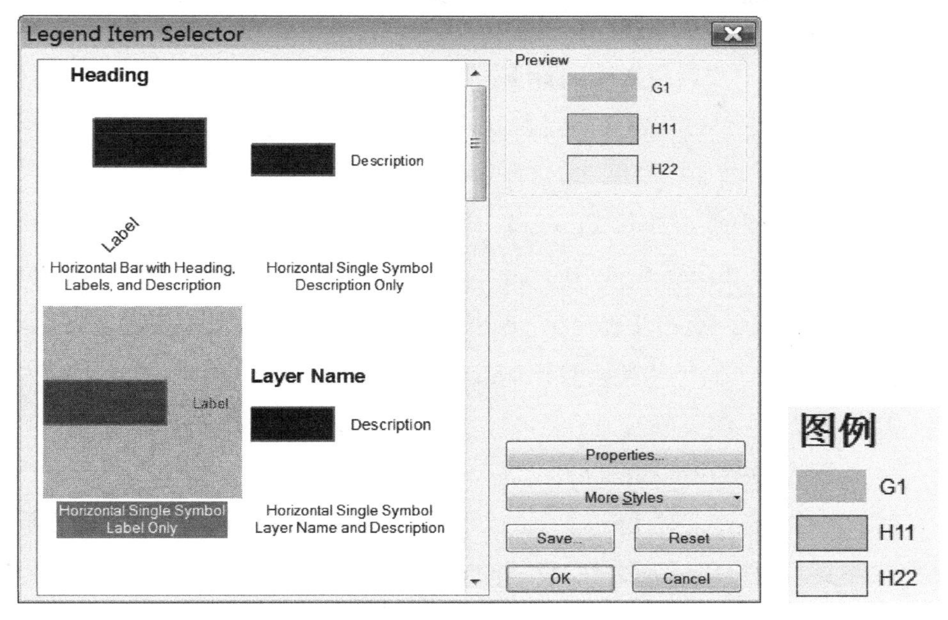

图 2-56 设置图例标注样式　　　　图 2-57 图例表达

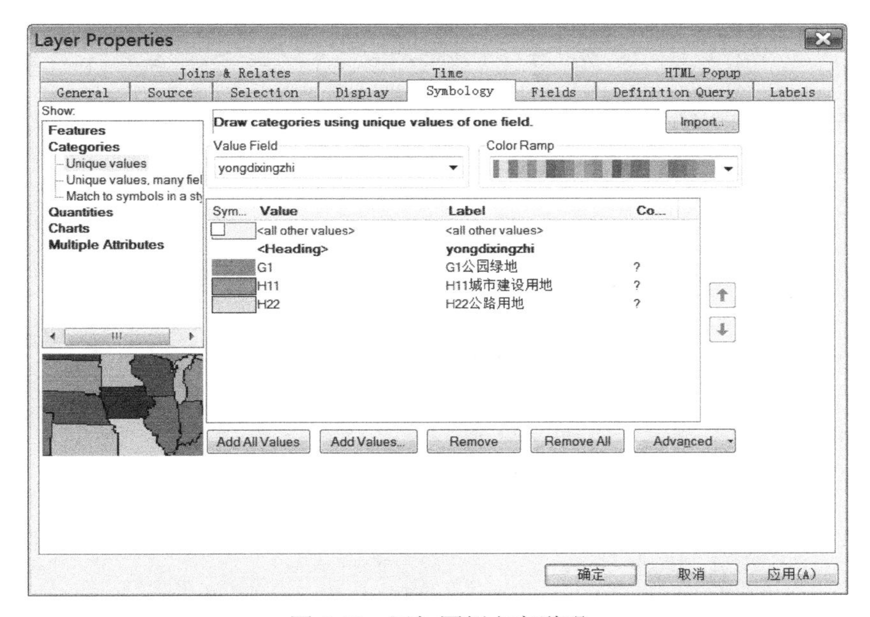

图 2-58 添加图例文字说明

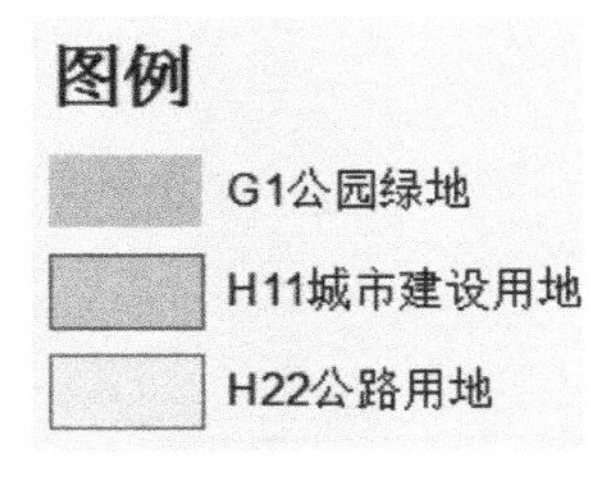

图 2-59 图例表达

➢ 步骤 9：添加指北针

在主菜单栏中点击插入【Insert】，选择指北针【North Arrow】，在对话框中选择合适的指北针，点击【确定】，在显示窗口调整指北针大小。

➢ 步骤 10：添加比例尺

在主菜单栏中点击插入【Insert】，选择比例尺【Scale Bar】，在对话框中选择比例尺【Alternating Scale Bar 1】，点击属性【Properties】，调整比例尺单位为米（图 2-60），点击【确定】，点击【OK】，插入比例尺。使用选择元素按钮，可调整比例尺位置，且比例尺将随显示的变化而改变刻度。调整完毕，生成专题图（图 2-61）。

➢ 步骤 11：导出专题图

在菜单栏中点击文件【File】下的导出地图【Export Map】，找到存储目录，设置文件名、分辨率以及文件类型。点击【保存】，即可导出指定类型的专题图。

➢ 步骤 12：打印专题图

在菜单栏中点击文件【File】下的打印【Print】，在打印对话框【Print】中点击设置【Setup】，在对话框中设置打印的尺寸、纵横向等（图 2-62）。此外，值得注意的是，在地图页面大小【Map Page Size】中，应该取消勾选使用打印机纸张设置，选择自定义打印纸张，从而避免打印错误。点击【OK】，开始打印。

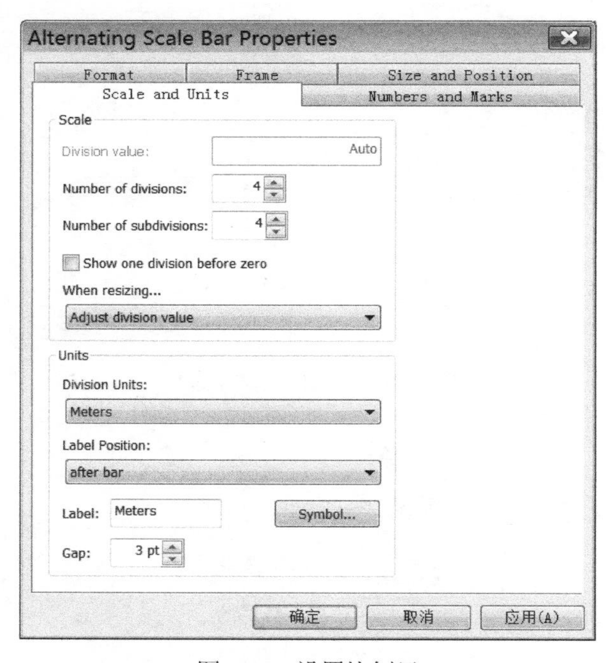

图 2-60　设置比例尺

图 2-61 土地利用现状专题图

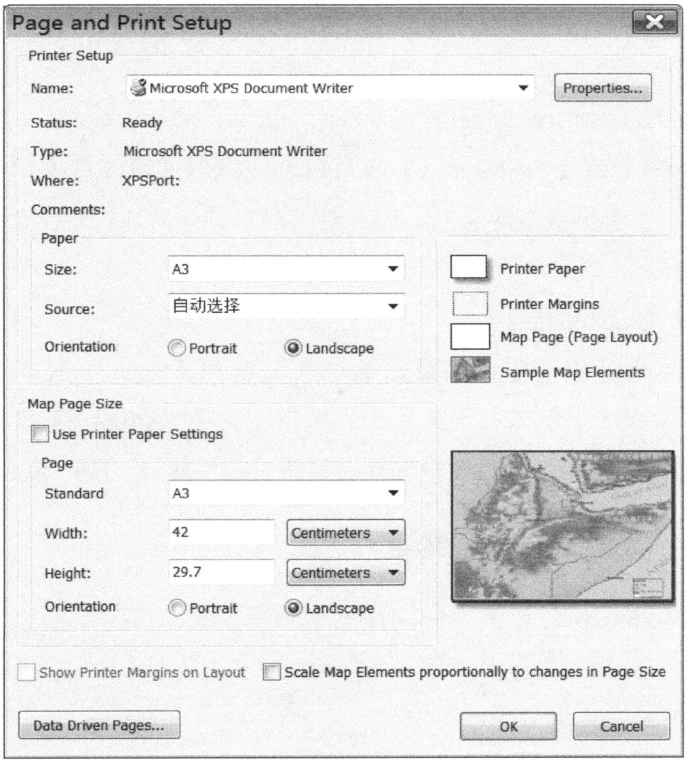

图 2-62 打印设置

第五节　ArcToolbox 基础

一、ArcToolbox 简介

ArcToolbox 是 ArcMap10.3 中存放地理处理工具的工具箱，它以文件夹形式管理地理处理工具，以功能划分各类工具集，整体简洁明了，易于查找与调用。在 ArcMap10.3 中，ArcToolbox 的工具列表具有三个层次：工具箱、工具集、工具。工具箱主要存放各类地理处理操作，工具集主要存放不同类型的工具或子工具集，工具常用的有三种类型，如：内置工具、脚本工具以及模型构建器创建的模型工具。

二、ArcToolbox 应用

（一）ArcToolbox 的打开

ArcToolbox 可以通过两种方式打开。方式一：在菜单栏工具条中点击【ArcToolbox】工具箱按钮；方式二：在目录面板【Catalog】中选择【Toolboxes】。

（二）ArcToolbox 的管理

【Toolboxes】或【ArcToolbox】都是以文件夹形式对工具进行管理，右键点击工具箱、工具集或对应工具，则可对该对象进行添加、删除、命名、保存或设置等操作。

（三）扩展工具的启用

在 ArcToolbox 中，部分工具需要在扩展模块【Extensions】中启用方可使用。具体步骤如下：在主菜单栏中点击自定义【Customize】下的扩展模块【Extensions】，在弹出的对话框中选择需要的工具并打勾，即可启用扩展工具。

三、ArcToolbox 的主要内容

在 ArcToolbox 中，根据不同功能类型划分工具集，常用的主要分为以下几种：

➢ 3D 分析工具集

3D 分析工具箱【3D Analyst Tools】主要分析表面模型和三维矢量数据，包括转换、数据管理、功能性表面、栅格插值、栅格计算、栅格重分类、栅格

表面、表面三角化、可见性等工具（图 2-63）。

3D Analyst Tools.tbx	3D Analyst Tools.tbx
3D Features	3D 要素
CityEngine	CityEngine
Conversion	转换
Data Management	数据管理
Functional Surface	功能性表面
Raster Interpolation	栅格插值
Raster Math	栅格计算
Raster Reclass	栅格重分类
Raster Surface	栅格表面
Triangulated Surface	表面三角化
Visibility	可见性

图 2-63　3D 分析工具中英文对照

➢ 分析工具集

分析工具集【Analysis Tools】是对矢量数据进行处理分析的基础工具集合，主要包括：提取分析、叠加分析、领域分析以及统计分析等工具。通过分析工具，可以对矢量数据进行剪切、选择、拆分、相交、联合、建立缓冲区、计算点距离、总结统计等（图 2-64）。

Analysis Tools.tbx	Analysis Tools.tbx
Extract	提取分析
Overlay	叠加分析
Proximity	邻域分析
Statistics	统计分析

图 2-64　分析工具中英文对照

➢ 绘图工具集

绘图工具集【Cartography Tools】是根据特定制图标准设计的工具集，主要包括注记、制图优化、数据驱动页面、制图综合、图形冲突、格网和经纬网、掩膜工具、制图表达管理等（图 2-65）。

Cartography Tools.tbx	Cartography Tools.tbx
Annotation	注记
Cartographic Refinement	制图优化
Data Driven Pages	数据驱动页面
Generalization	制图综合
Graphic Conflicts	图形冲突
Grids and Graticules	格网和经纬网
Masking Tools	掩膜工具
Representation Management	制图表达管理

图 2-65　绘图工具中英文对照

➢ 转换工具集

转换工具集【Conversion Tools】可以实现多种数据格式的转换，在风景园林实践中常用格式有Shapefile、Tif、CAD、JPG、KML、dBASE等（图2-66）。

➢ 数据管理工具集

数据管理工具集【Data Management Tools】具有大量的工具，主要包括要素合成、分离编辑、值域、要素类、要素、字段、地理数据库文件、普通、一般、索引、连接、图表和表的查看、投影和转换、栅格、关系类、表、拓扑、版本、工作空间等工具，分别对不同数据类型进行管理（图2-67）。

➢ 网络分析工具

网络分析工具集【Network Analyst Tools】用于分析交通网络。主要用来查找研究范围内最佳路线、查找最近设施点、识别某一地点周围的服务区以及计算交通可达性等（图2-68）。

➢ 空间分析工具集

空间分析工具集【Spatial Analyst Tools】通过栅格数据分析来实现多方面分析，如：条件、密度、距离、提取、多元分析、地下水、水文、插值分析、区域分析、地图代数、数学分析、多元分析、邻域分析、叠加分析、栅格创建、重分类、分段与分类、太阳辐射、表面、局部分析等，如图2-69所示。

➢ 空间统计工具集

空间统计工具集【Spatial Statistics Tools】主要用于地理数据分析与空间分布状态统计，包括分析模型、聚类分布制图、度量地理分布、空间关系建模、渲染、工具等，如图2-70所示。

Conversion Tools.tbx
- Excel
- From GPS
- From KML
- From PDF
- From Raster
- From WFS
- JSON
- Metadata
- To CAD
- To Collada
- To Coverage
- To dBASE
- To Geodatabase
- To KML
- To Raster
- To Shapefile

Conversion Tools.tbx
- Excel
- 由 GPS 转出
- 由 KML 转出
- 从 PDF
- 由栅格转出
- 由 WFS 转出
- JSON
- 元数据
- 转为 CAD
- 转为 Collada
- 转为 Coverage
- 转为 dBASE
- 转出至地理数据库
- 转为 KML
- 转为栅格
- 转为 Shapefile

图2-66 转换工具中英文对照

Data Management Tools.tbx	Data Management Tools.tbx
Archiving	归档
Attachments	附件
Data Comparison	数据比较
Distributed Geodatabase	分布式地理数据库
Domains	属性域
Feature Class	要素类
Features	要素
Fields	字段
File Geodatabase	文件地理数据库
General	常规
Generalization	制图综合
Geodatabase Administration	地理数据库管理
Geometric Network	几何网络
Graph	图表
Indexes	索引
Joins	连接
LAS Dataset	LAS 数据集
Layers and Table Views	图层和表视图
Package	打包
Photos	照片
Projections and Transformations	投影和变换
Raster	栅格
Relationship Classes	关系类
Subtypes	子类型
Table	表
Tile Cache	切片缓存
Topology	拓扑
Versions	版本
Workspace	工作空间

图 2-67　数据管理工具中英文对照

Network Analyst Tools.tbx	Network Analyst Tools.tbx
Analysis	分析
Network Dataset	网络数据集
Server	服务器
Turn Feature Class	转弯要素类

图 2-68　网络分析工具中英文对照

Spatial Analyst Tools.tbx	Spatial Analyst Tools.tbx
Conditional	条件分析
Density	密度分析
Distance	距离分析
Extraction	提取分析
Generalization	栅格综合
Groundwater	地下水分析
Hydrology	水文分析
Interpolation	插值分析
Local	区域分析
Map Algebra	地图代数
Math	数学分析
Multivariate	多元分析
Neighborhood	邻域分析
Overlay	叠加分析
Raster Creation	栅格创建
Reclass	重分类
Segmentation and Classification	分段和分类
Solar Radiation	太阳辐射
Surface	表面分析
Zonal	局部分析

图 2-69　空间分析工具中英文对照

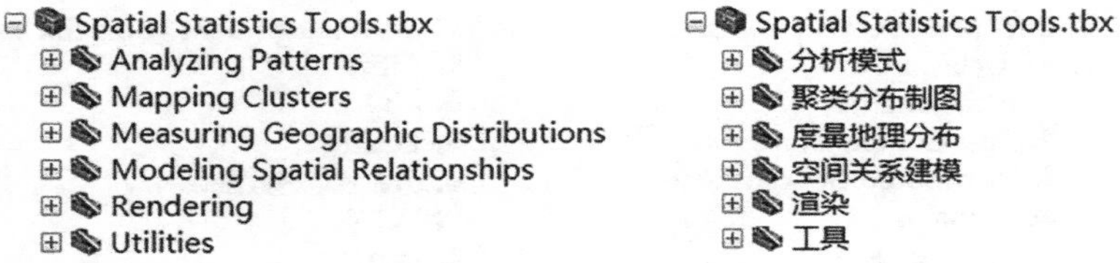

Spatial Statistics Tools.tbx
- Analyzing Patterns
- Mapping Clusters
- Measuring Geographic Distributions
- Modeling Spatial Relationships
- Rendering
- Utilities

Spatial Statistics Tools.tbx
- 分析模式
- 聚类分布制图
- 度量地理分布
- 空间关系建模
- 渲染
- 工具

图 2-70 空间统计工具中英文对照

第三章 空间投影

第一节 空间参考

一、大地水准面（geoid）和椭球体（spheroid）

为了从数学上定义地球，必须建立一个地球表面的几何模型。这个模型是由地球的形状决定的。它是一个较为接近地球形状的几何模型，即椭球体，由一个椭圆绕着其短轴旋转而成。

地球的自然表面起伏不平，十分不规则，有高山、丘陵和平原，也有江河湖海。这个高低不平的表面无法用数学公式表达，也无法进行运算。所以在量测与制图时，必须找一个规则的曲面来代替地球的自然表面。当海洋静止时，它的自由水面必定与该面上各点的重力方向（铅垂线方向）成正交，这个面叫作水准面。但水准面有无数个，其中有一个与静止的平均海水面相重合。可以设想这个静止的平均海水面穿过大陆和岛屿形成一个闭合的曲面，这就是大地水准面。

大地水准面所包围的形体，叫大地球体。由于地球体内部质量分布不均匀，引起重力方向的变化，导致处处和重力方向成正交的大地水准面成为一个不规则的，仍然是不能用数学表达的曲面。大地水准面形状虽然十分复杂，但从整体来看，起伏是微小的。它是一个很接近于绕自转轴（短轴）旋转的椭球体。所以在测量和制图中就用旋转椭球来代替大地球体，这个旋转球体通常称为地球椭球体，简称椭球体（邬伦 等，2001）。

二、基准面（datum）

椭球体定义了地球的形状，而基准面则描述了这个椭球中心和地心的关系。基准面是建立在选择的参考椭球体上的，且考虑到了当地复杂的地表情况。当一个旋转椭球体的形状与地球相近时，基准面用于定义旋转椭球体相对于地心的位置。基准面给出了测量地球表面上位置的参考框架。它定义了经线和纬线的原点及方向。

（一）地心基准面

在过去的 15 年中，卫星数据为测地学家提供了新的测量结果，用于定义与地球最吻合的、坐标与地球质心相关联的旋转椭球体。地球中心（或地心）基准面使用地球的质心作为原点。最新开发并且使用最广泛的基准是 WGS 1984，它被用作在世界范围内进行定位测量的框架。

（二）区域基准面

区域基准面是特定区域内与地球表面吻合的旋转椭球体，大地原点是参考椭球体与大地水准面相切的点，原点的坐标是固定的。

三、坐标系统

坐标系统是一个二维或三维的参考系，用于定位坐标点，通过坐标系统可以确定要素在地球上的位置。比较常用的坐标系统有两种：大地坐标系统 GCS（geographic coordinate system）和投影坐标系统 PCS（project coordinate system），分别用来表示三维的球面坐标和二维的平面坐标。

大地坐标系统是用一个尽可能与地球形状基本吻合的、以数学公式表达的表面作为地球的形状，即椭球体。椭球体与地球表面定位后（即大地基准），就可以划分经线和纬线，形成以经纬度为单位的大地坐标系。

投影坐标系是平面坐标系，需要将大地坐标系统由曲面转换为平面，并将坐标值单位由度转换为米等长度单位，这样的转换称为地图投影。投影后平面的、以米为单位的坐标系统称为投影坐标系统。

我国最常用的投影坐标系是 Beijing1954 和 Xian1980。当原始数据是 WGS 1984 地理坐标时，只需要选择合适的投影带将其转换为投影坐标系即可。

第二节 地 图 投 影

一、概念

在数学中，投影（riea）的含义是指建立两个点集间一一对应的映射关系。同样，在地图学中，地图投影就是指建立地球表面上的点与投影平面上点之间的对应关系。地图投影的基本问题就是利用一定的数学法则把地球表面上的经纬线网表示到平面上。凡是地理信息系统就必然要考虑到地图投影，地图投影的使用保证了空间信息在地域上的联系和完整性，在各类地理信息系统的建立过程中，选择适当的地图投影系统是首先要考虑的问题（邬伦等，2001）。

墨卡托投影于1569年由墨卡托（G.Mercator）创立，常用作航海图和航空图。在墨卡托投影的基础上，演变出了横轴墨卡托投影（TM）。TM投影逐步发展，一个方向发展成高斯-克吕格投影，一个方向发展成通用横轴墨卡托投影（UTM）。其中高斯-克吕格投影是我国地图制图中最常用的一种地图投影，本文将着重介绍此投影。

二、高斯-克吕格投影（Gauss - Kruger projection）

由于这个投影由德国数学家、物理学家、天文学家高斯于19世纪20年代拟定，后经德国大地测量学家克吕格于1912年对投影公式加以补充，故称为高斯-克吕格投影。

高斯-克吕格投影是一种等角横切椭圆柱投影。假想用一个椭圆柱横切于地球椭球体的某一经线上，这条与圆柱面相切的经线，称中央经线。以中央经线为投影的对称轴，将东西各3°或1°30′的两条子午线所夹经差6°或3°的带状地区按数学法则、投影法则投影到圆柱面上，再展开成平面（图3-1），即高斯-克吕格投影，简称高斯投影。这个狭长的带状的经纬线网叫作高斯-克吕格投影带。

高斯-克吕格投影特点（图3-2）：

1. 中央子午线是直线，其长度不变形；其他子午线是凹向中央子午线的弧线，并以中央子午线为对称轴；

2. 赤道线是直线，但有长度变形；其他纬线为凸向赤道的弧线，并以赤道为对称轴；

3. 经线和纬线投影后仍然保持正交；

4. 离开中央子午线越远，变形越大。

高斯投影采用分带投影的方法，可使投影边缘的变形不致过大。我国各种大、中比例尺地形图采用了不同的高斯-克吕格投影带。其中比例尺大于1∶10000的地形图采用3°带；1∶25000至1∶500000的地形图采用6°带。

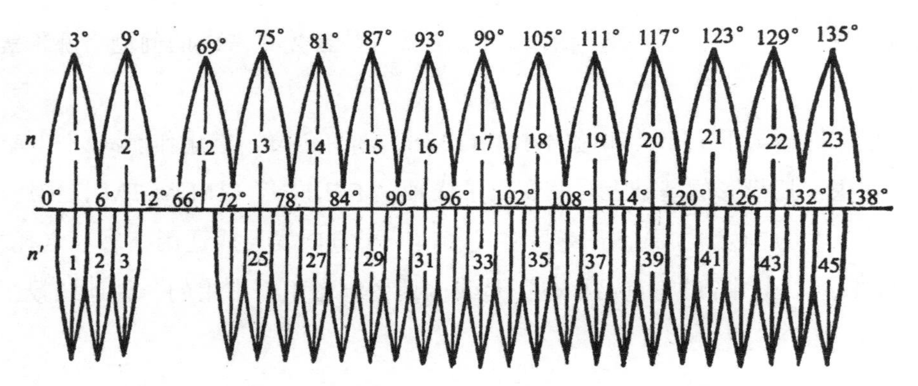

图 3-1　高斯-克吕格投影的分带（图片来源：邬伦 等，2001）

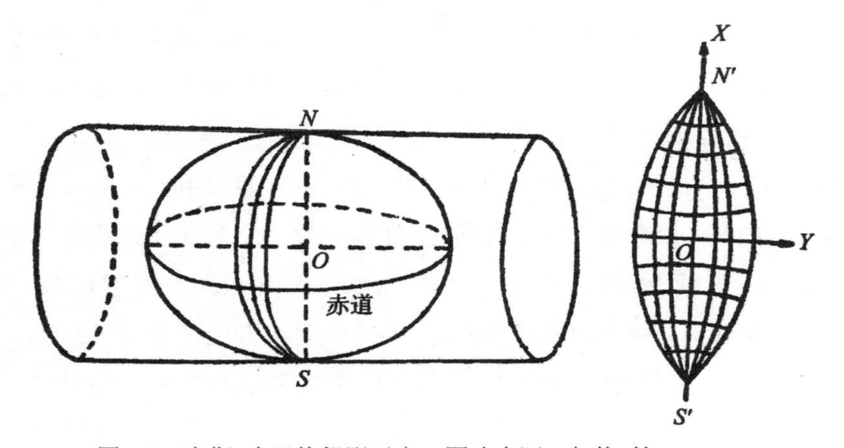

图 3-2　高斯-克吕格投影示意（图片来源：邬伦 等，2001）

第三节　投影变换与处理

一、栅格数据的投影变换与处理

（一）定义投影

➢ 步骤 1：加载数据

在 ArcMap 中加载（F:\LA_GIS\chapter 03）文件夹中的中的［高程 .tif］数据（X 区 DEM 数据）。

➢ 步骤 2：定义投影

依次点击【Toolboxes】/【Syestem Toolboxes】/【Data Management Tools】/【Projections and Transfomations】/【Define Projection】，打开定义投影工具，如图 3-3 所示。

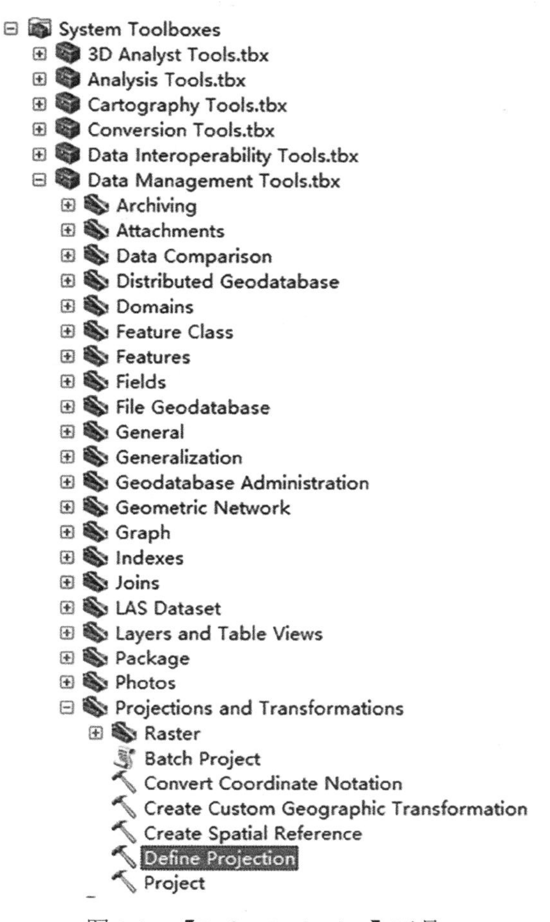

图 3-3　【Define Projection】工具

在【Input Dataset or Feature Class】下拉列表框中选择［高程 .tif］作为待定义数据（图 3-4），点击【Coordinate System】右侧按钮打开【Spatial Reference Properties】对话框，浏览目录到 Projected Coordinate Systems/Gauss Kruger/Beijing1954，选择 Beijing_1954_GK_Zone_21N 投影（图 3-5）。在【Spatial Reference Properties】对话框中点击【OK】，即完成投影坐标系的定义（图 3-6）。

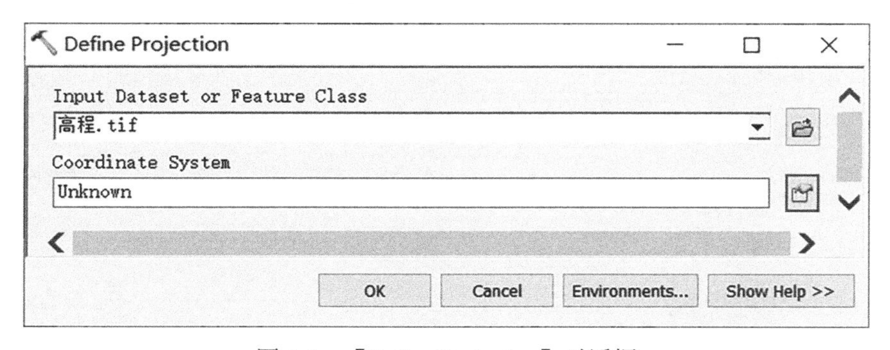

图 3-4　【Define Projection】对话框

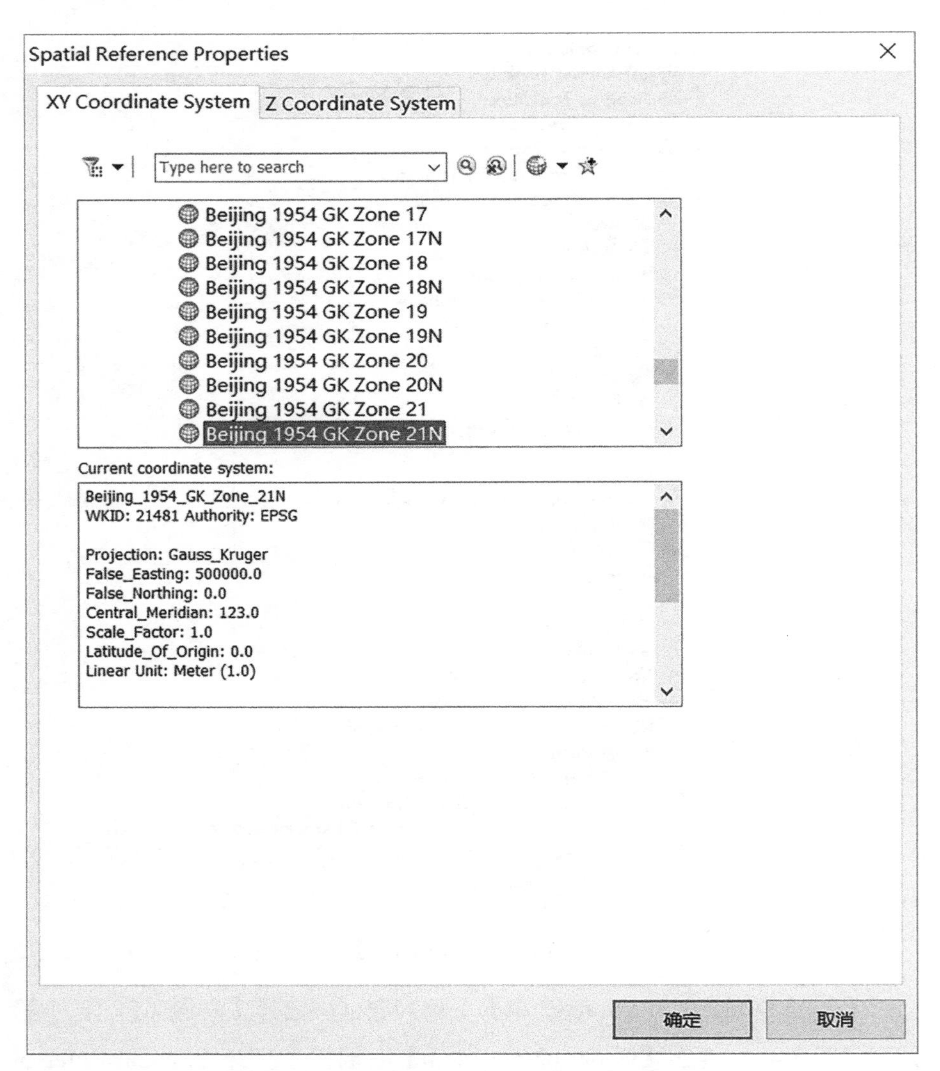

图 3-5　【Spatial Reference Properties】对话框

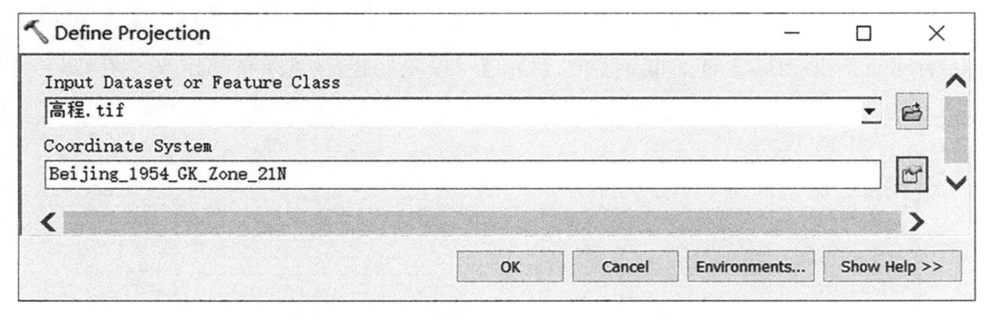

图 3-6　【Define Projection】对话框

（二）查看投影

在【Table of Content】中右键点击［高程.tif］，选择【Properties】选项，在弹

出的【Layer Properties】对话框中的【Source】选项卡里查看【Spatial Reference】等信息（图 3-7）。

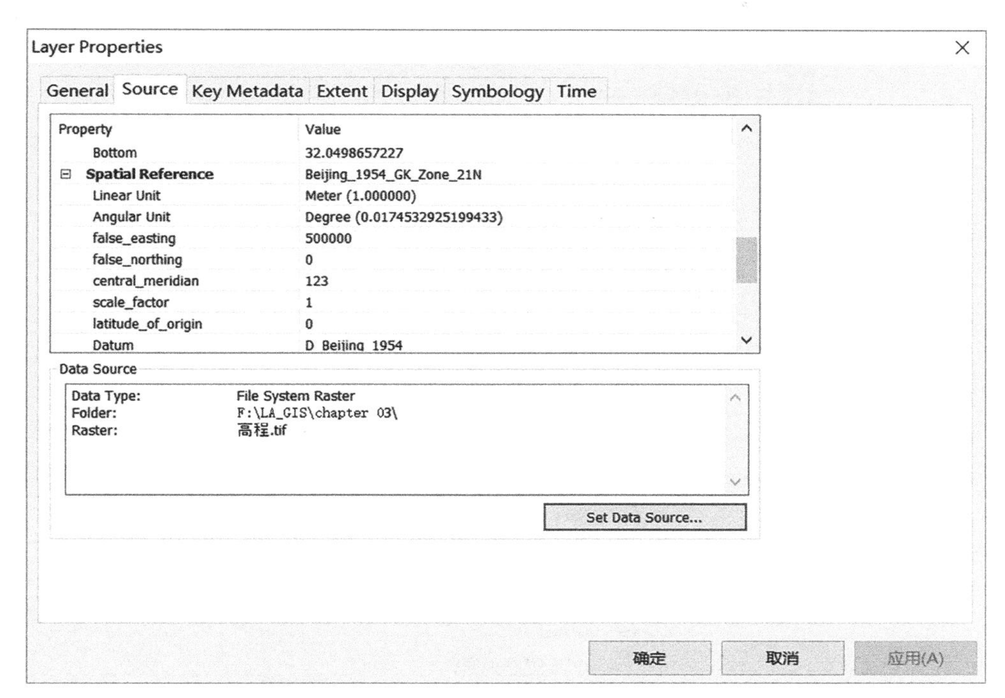

图 3-7　【Layer Properties】对话框

（三）投影变换

选择【Toolboxes】/【System Toolboxes】/【Data Management Tools】/【Projections and Transfomations】/【Raster】/【Project Raster】，打开栅格投影工具（图 3-8）。

在【Project Raster】对话框中，首先选择要变换的数据以及设置变换后的数据输出路径、名称。点击【Output Coordinate System】右侧按钮，在弹出的【Spacial Reference Properties】对话框，浏览目录到 Geographic Coordinate Systems/Asia/Beijing1954 坐标系（图 3-9），存储在（F:\LA_GIS\chapter 03）文件夹中，命名为［高程 pr］。在【Spatial Reference Properties】对话框中点击【确定】，即完成投影坐标系的转换（图 3-10）。

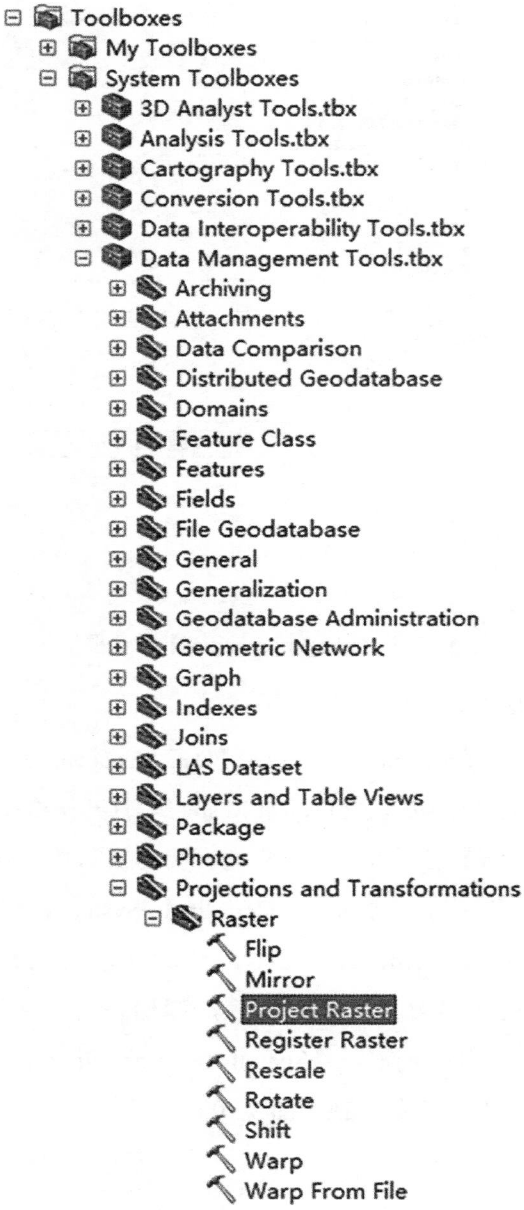

- Toolboxes
  - My Toolboxes
  - System Toolboxes
    - 3D Analyst Tools.tbx
    - Analysis Tools.tbx
    - Cartography Tools.tbx
    - Conversion Tools.tbx
    - Data Interoperability Tools.tbx
    - Data Management Tools.tbx
      - Archiving
      - Attachments
      - Data Comparison
      - Distributed Geodatabase
      - Domains
      - Feature Class
      - Features
      - Fields
      - File Geodatabase
      - General
      - Generalization
      - Geodatabase Administration
      - Geometric Network
      - Graph
      - Indexes
      - Joins
      - LAS Dataset
      - Layers and Table Views
      - Package
      - Photos
      - Projections and Transformations
        - Raster
          - Flip
          - Mirror
          - Project Raster
          - Register Raster
          - Rescale
          - Rotate
          - Shift
          - Warp
          - Warp From File

图 3-8　【Project Raster】工具

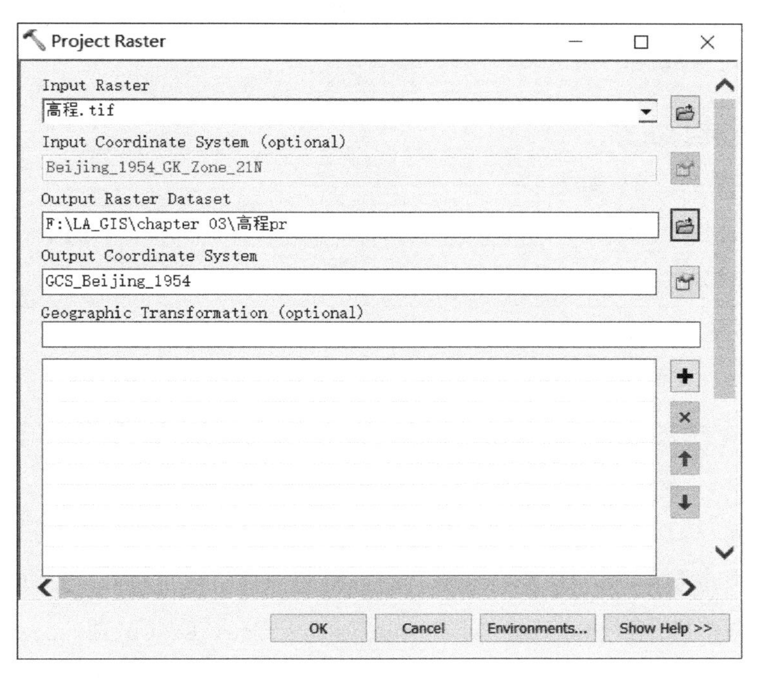

图 3-9　【Project Raster】对话框

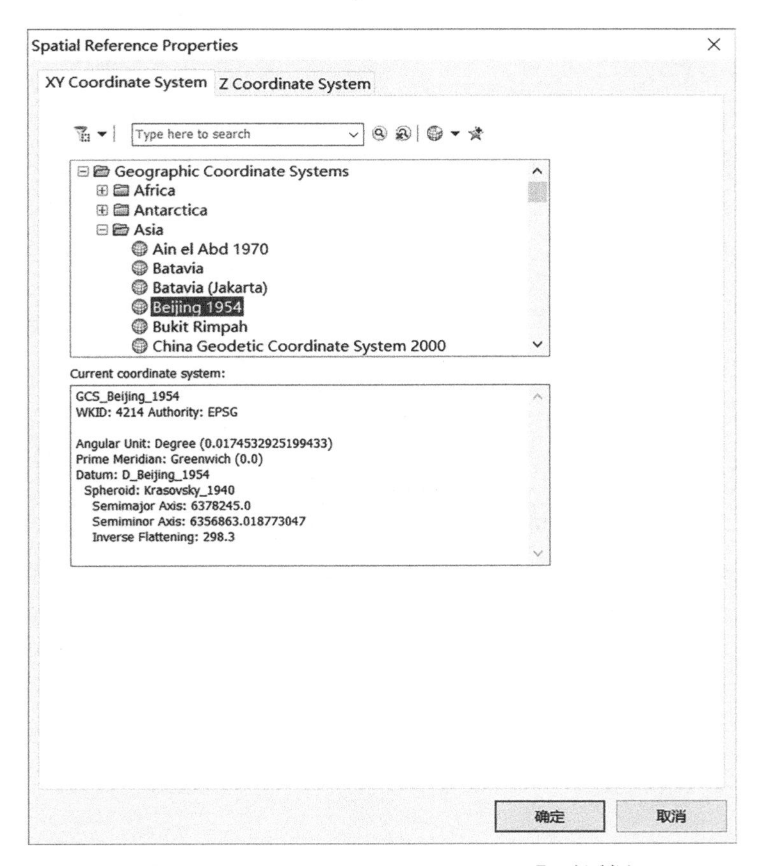

图 3-10　【Spatial Reference Properties】对话框

二、矢量数据的投影变换与处理

（一）定义投影

➢ 步骤 1：加载数据

在 ArcMap 中加载（F:\LA_GIS\chapter 03\road）文件夹中的［road］数据（shapfile 数据）。

➢ 步骤 2：定义投影

依次点击【Toolboxes】/【System Toolboxes】/【Data Management Tools】/【Projections and Transfomations】/【Define Projection】，打开定义投影工具（图 3-11）。

在【Input Dataset or Feature Class】下拉列表框中选择［road］图层作为待定义数据，点击【Coordinate System】右侧按钮 打开【Spatial Reference Properties】对话框，浏览目录到 Projected Coordinate Systems/Gauss Kruger/Beijing1954/ 选择 Beijing_1954_GK_Zone_21N 投影，点击【确定】（图 3-12）。在【Define Projection】对话框中点击【OK】，即完成投影坐标系的定义（图 3-13）。

（二）查看投影

在【Table of Content】中右键点击［road.shp］，选择【Properties】选项，在弹出的【Layer Properties】对话框中的【Source】选项卡里查看，如图 3-14 所示。

（三）投影变换

依次点击【Toolboxes】/【System Toolboxes】/【Data Management Tools】/【Projections and Transfomations】/【Project】，打开【Project】对话框，在【Input Dataset or Feature Class】中选择［road］图层（图 3-15）。

在【Project】对话框中，选择要变换的数据以及设置变换后的数据的输出路径、名称。点击【Output Coordinate System】右侧按钮，在弹出的【Spatial Reference Properties】对话框中，选择 Projected Coordinate Systems/Gauss Kruger/Beijing1954/Beijing_1954_3_Degree_GK_CM_114E 投影，存储在（F:\LA_GIS\chapter 03）文件夹中，命名为［road_Project］，点击【OK】，即完成投影坐标系的转换（图 3-16、图 3-17）。

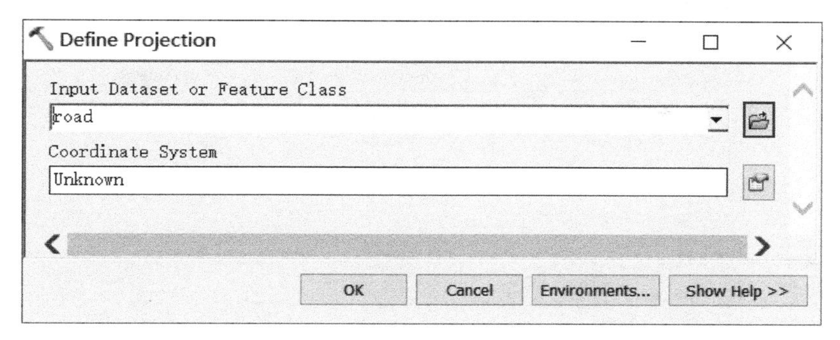

图 3-11　【Define Projection】对话框

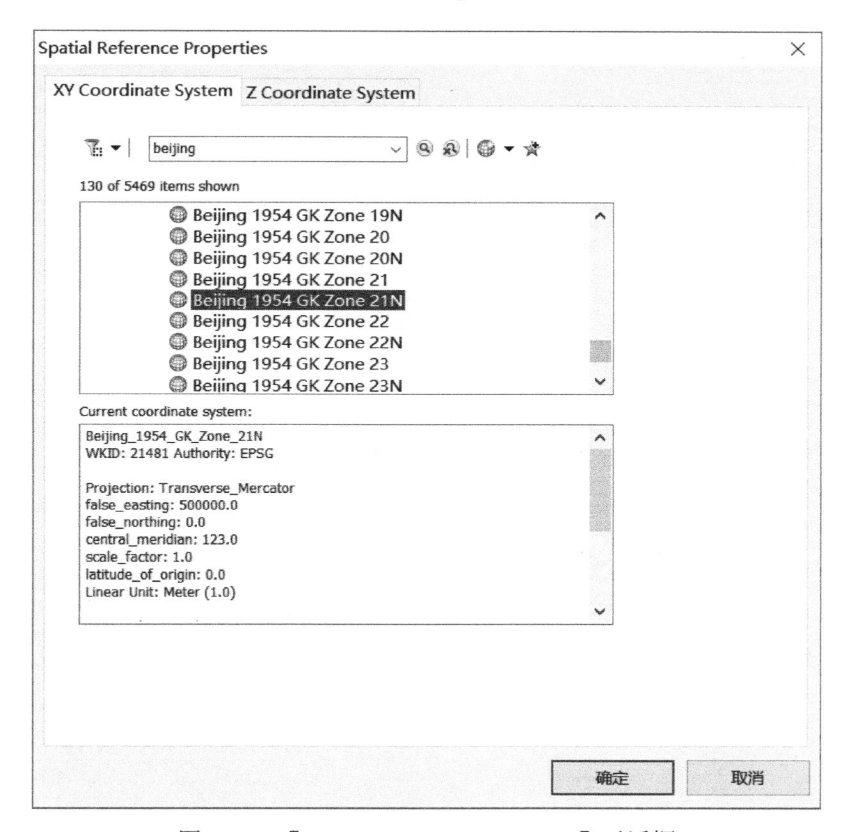

图 3-12　【Spatial Reference Properties】对话框

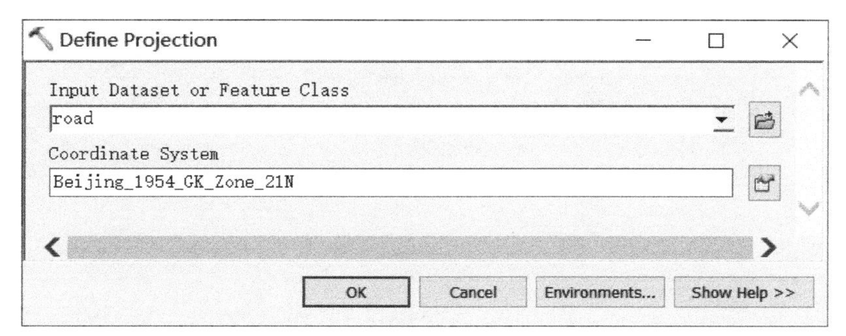

图 3-13　【Define Projection】对话框

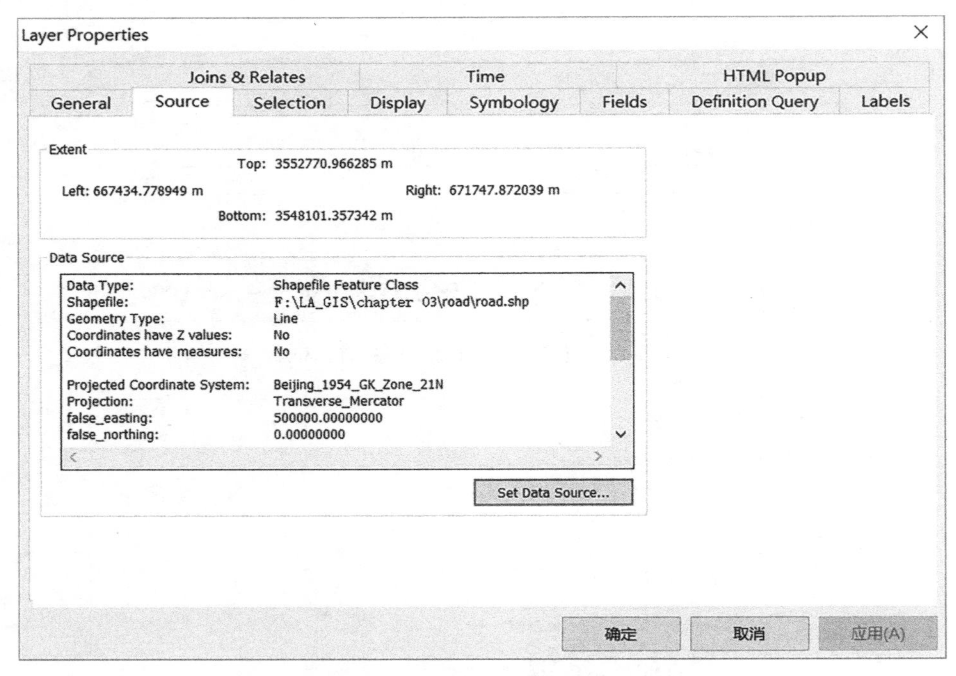

图 3-14 【Layer Properties】对话框

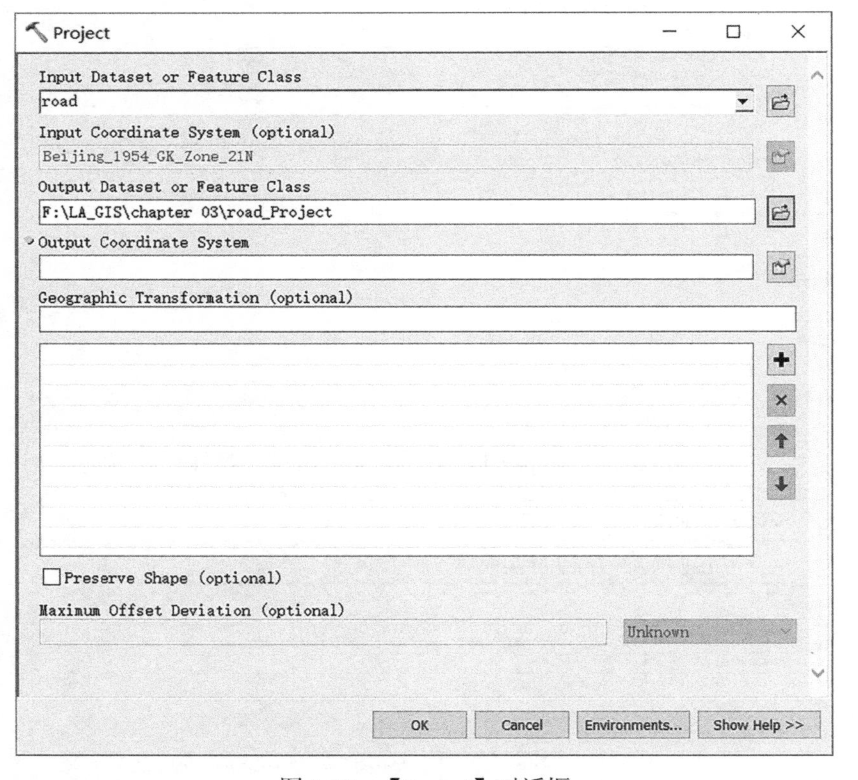

图 3-15 【Project】对话框

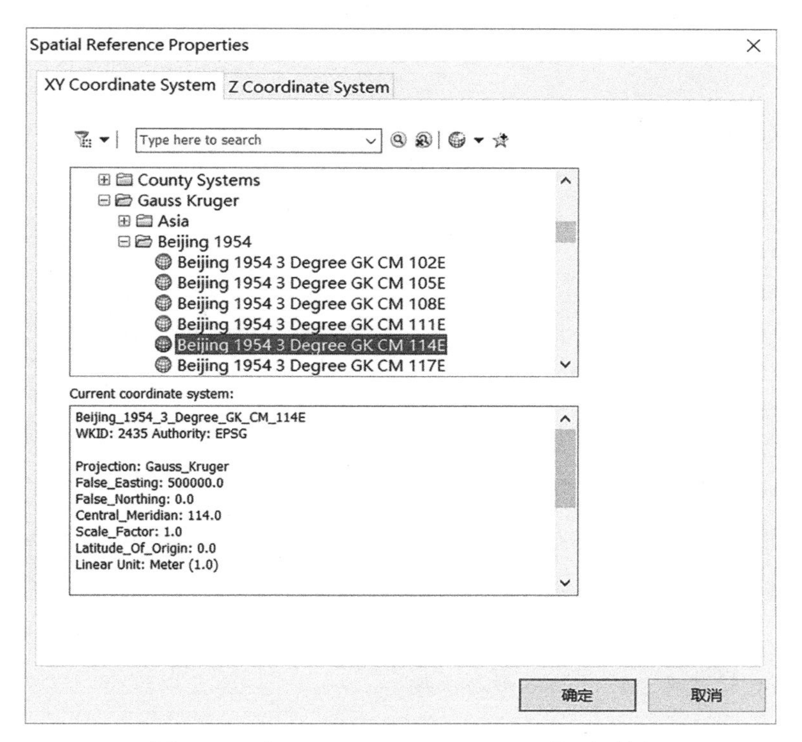

图 3-16　【Spatial Reference Properties】对话框

Project
Input Dataset or Feature Class
road
Input Coordinate System (optional)
Beijing_1954_GK_Zone_21N
Output Dataset or Feature Class
F:\LA_GIS\chapter 03\road_p
Output Coordinate System
Beijing_1954_3_Degree_GK_CM_114E
Geographic Transformation (optional)
Preserve Shape (optional)
Maximum Offset Deviation (optional)
Unknown
OK
Cancel
Environments...
Show Help >>

图 3-17　【Project】对话框

第四章 地形分析

目的：在风景园林规划设计或学术研究过程中，面对范围较大、高程起伏较大的区域，实地测量难度大、工作量大。运用 GIS，能够快速建立数字高程模型，科学掌握竖向信息，提高工作效率。本章在某片区的高程数据基础上，运用 ArcMap10.3 的 3D 分析工具和空间分析工具对该区的地形进行分析，学习如何利用 GIS 模拟地形、分析地形，从而将其运用到实际工作中。

基础数据：X 区 DEM 数据［height.tif］（F:\LA_GIS\chapter04\height）

任务：以 X 区地形分析为例，学习如何实现等高线、数字高程模型（DEM）以及不规则三角网（TIN）数据之间的相互转换；学习如何利用数字高程模型分析坡度、坡向、地形起伏度。

第一节 数字高程模型分析

一、根据 DEM 数据生成 TIN

➢ 步骤 1：载入 DEM 数据

启动 ArcMap 10.3，在标准工具栏中点击【Add Data】添加数据，打开文件夹（F:\LA_GIS\chapter 04\height）中的［height.tif］文件，如图 4-1 所示。

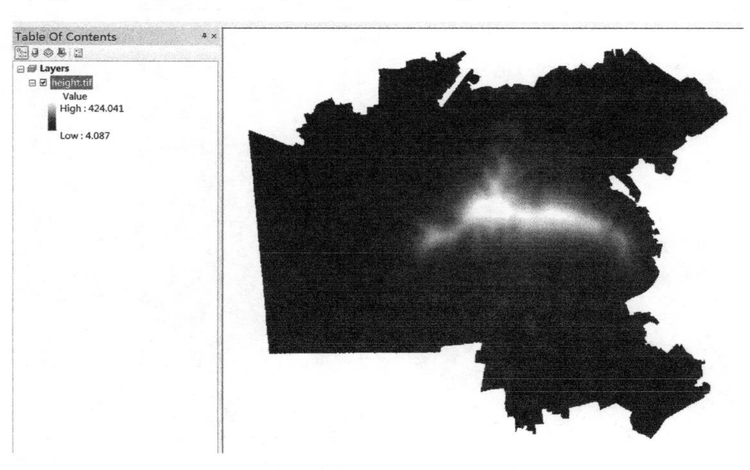

图 4-1 X 区 DEM 图

➢ 步骤 2：激活 3D Analyst 扩展模块

在 ArcMap 的主菜单中点击自定义【Customize】中的扩展模块【Extensions】，（图 4-2）。【3D Analyst】被勾选，则表示 3D Analyst 功能已激活（图 4-3）。

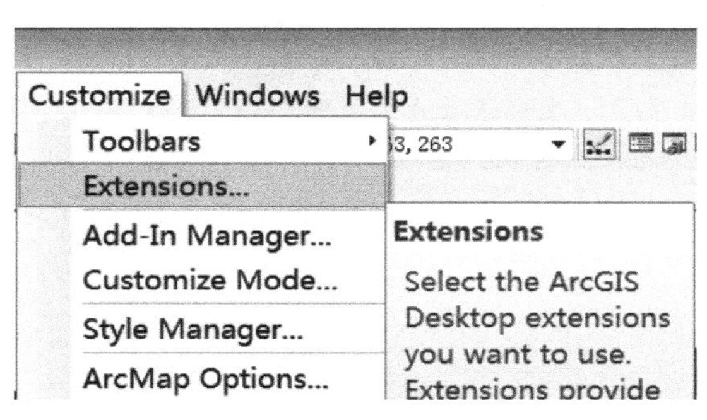

图 4-2 扩展模块

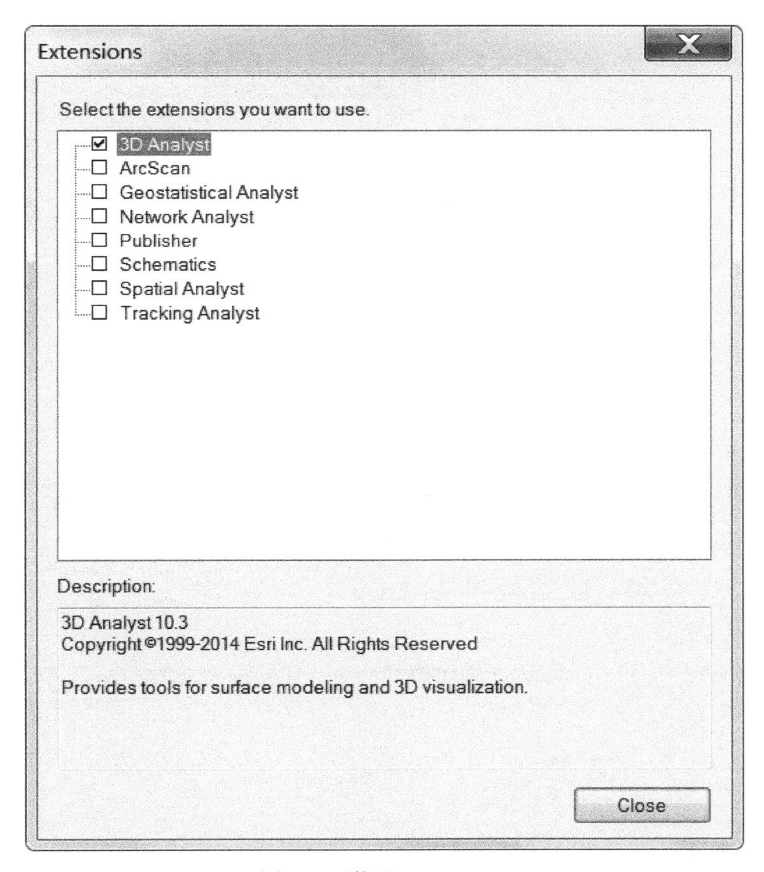

图 4-3 激活 3D Analyst

➢ 步骤 3：DEM 数据转 TIN

首先将 TIFF 格式的 DEM 数据转为 GRID 格网格式。在【Arc Toolbox】工具箱中点击转换工具【Conversion Tools】/ 转为栅格【To Raster】/ 栅格转其他格式（批量）【Raster To Other Format（multiple）】，如图 4-4 所示。

在对话框中点击【Input Raster】右侧文件按钮，选择【height.tif】，指定输出工作空间【Output Workspace】，在栅格数据格式【Raster Format】下拉菜单中选择格网格式【GRID】（图 4-5）。点击【OK】，执行操作。

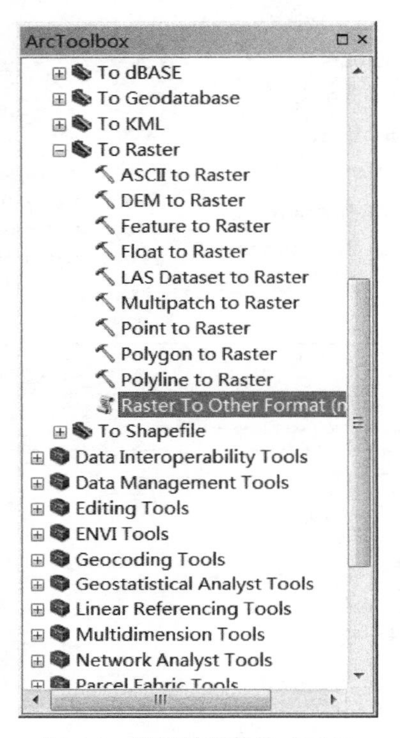

图 4-4　栅格转其他格式工具

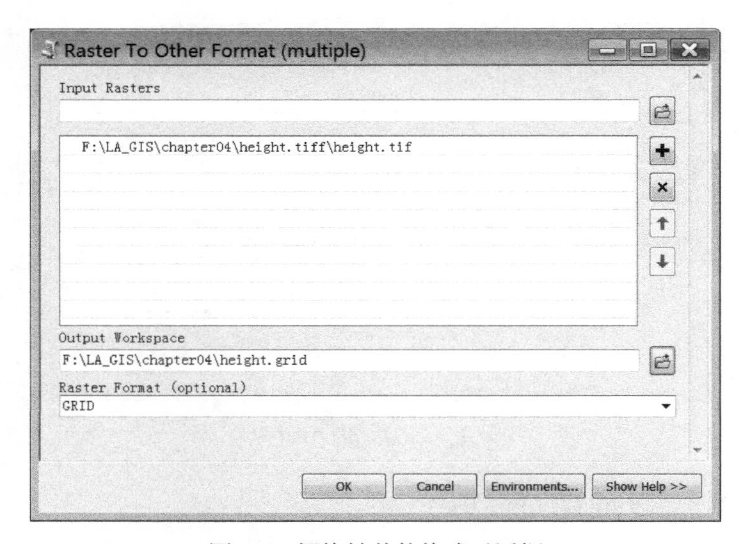

图 4-5　栅格转其他格式对话框

再将 GRID 格式的 DEM 数据［height］转为 TIN 数据。点击添加数据【Add data】，打开文件夹（F:\LA_GIS\chapter 04\height.gird），载入 GRID 格式的 DEM 数据［height］。点击 3D 分析工具【3D Analyst Tools】/ 转换工具【Conversion】/ 由栅格转出【From Raster】/【Raster to TIN】则将栅格转 TIN（图 4-6）。

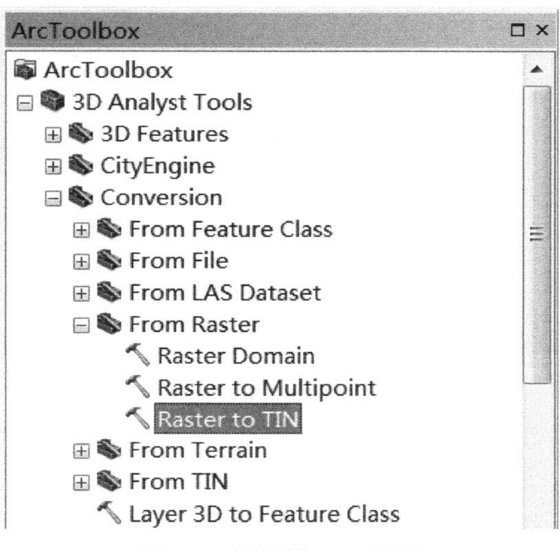

图 4-6　栅格转 TIN 工具

在对话框中点击输入栅格【Input Raster】右侧的下拉按钮，选择［height］，在输出栏指定输出路径并确定输出名称为［TIN］，在【Z Tolerance（Optional）】中输入“1”，如图 4-7 所示，点击【OK】，生成 TIN 数据（图 4-8）。

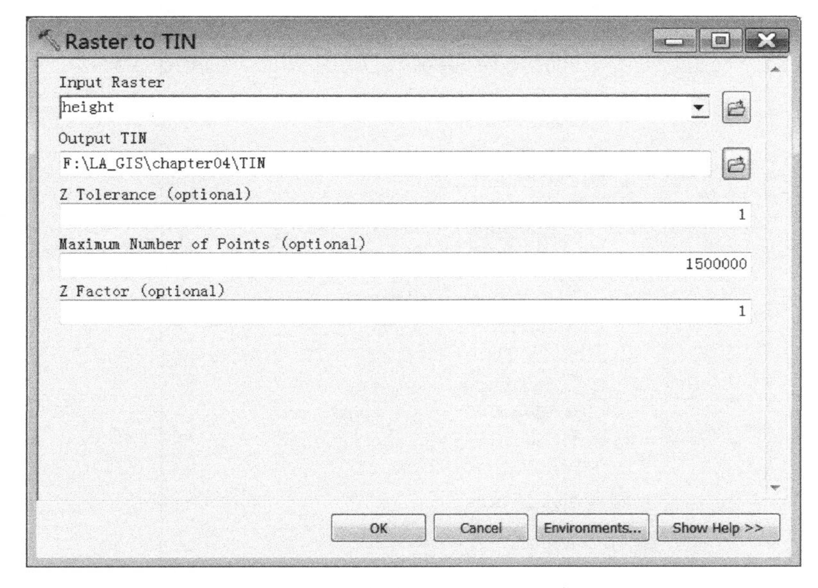

图 4-7　栅格转 TIN 工具对话框

图 4-8 X 区 TIN 数据

二、根据 DEM 数据生成等高线

紧接上一步内容，在【ArcToolbox】工具箱中点击 3D 分析工具【3D Analyst Tools】/ 地表栅格工具【Raster Surface】/ 等高线【Contour】（图 4-9）。

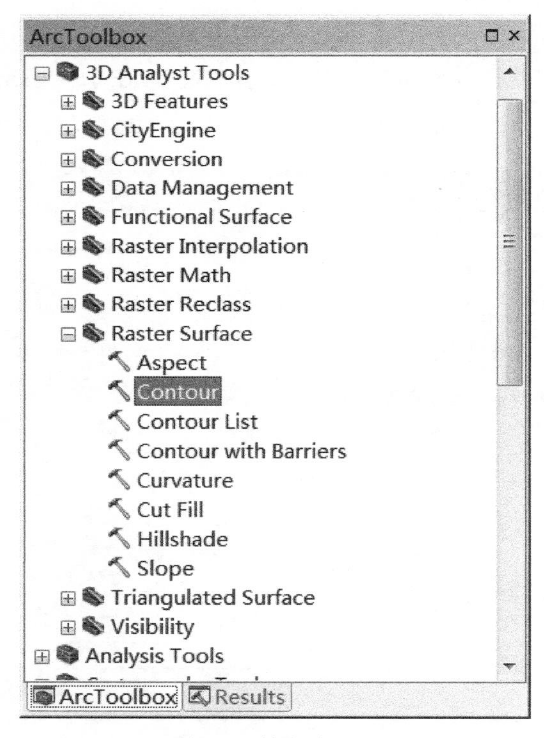

图 4-9 等高线工具

在对话框中点击输入栅格【Input Raster】右侧的下拉按钮，选择 GRID 格式的 DEM 栅格数据［height］，在输出栏指定输出路径并确定输出名称为［contour］，设置等高距为 5（图 4-10）。点击【OK】，生成等高线，将其他图层隐藏，查看等高线（图 4-11）。

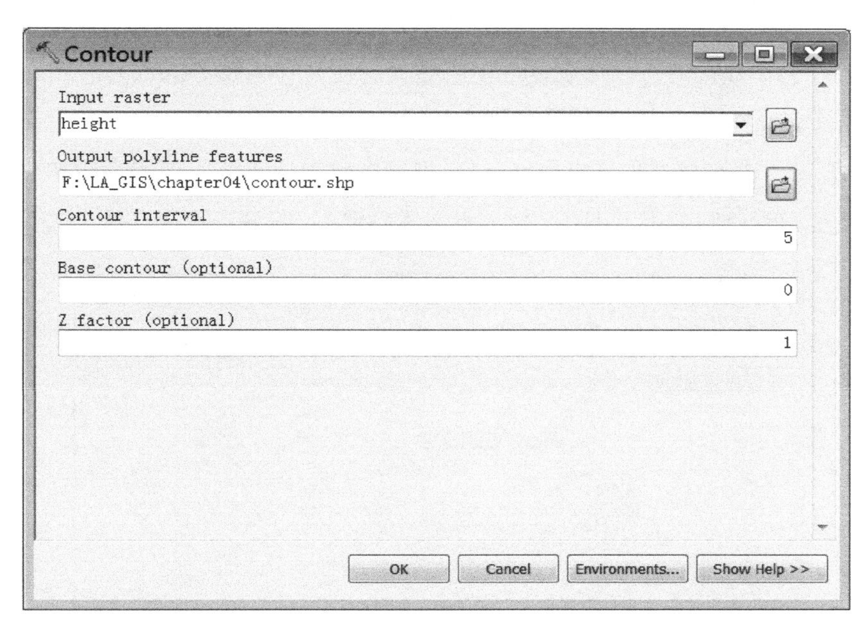

图 4-10　等高线对话框

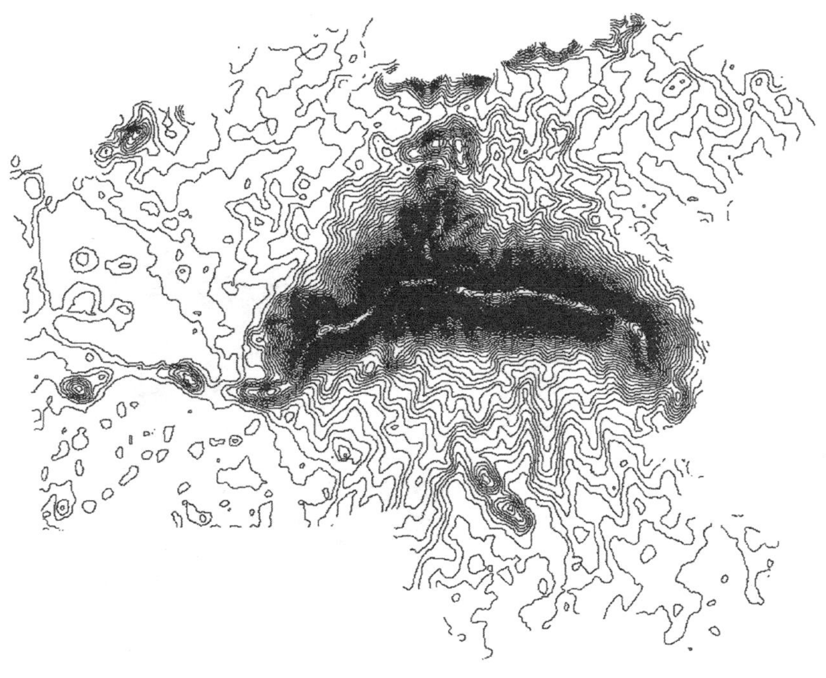

图 4-11　X 区等高线数据

第二节 地 形 分 析

一、高程分析

通过 TIN 数据的符号化表达，生成高程。在内容列表【Table Of Contents】中右击［TIN］，选择属性【Properties】，打开符号系统【Symbology】，在显示【show】窗口内选择高程【Elevation】。根据图像表达需要，使用色带和分类按钮调整高程颜色和分类（图 4-12），点击【确定】，得到高程图（图 4-13）。

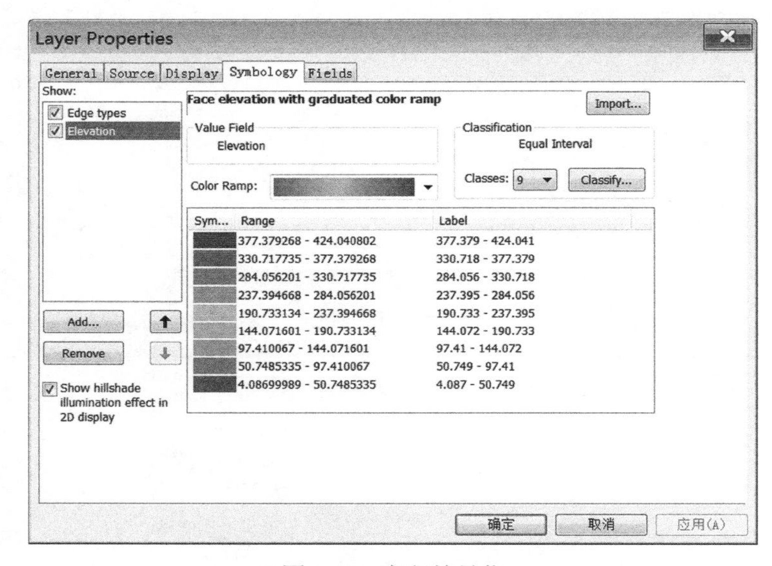

图 4-12 高程符号化

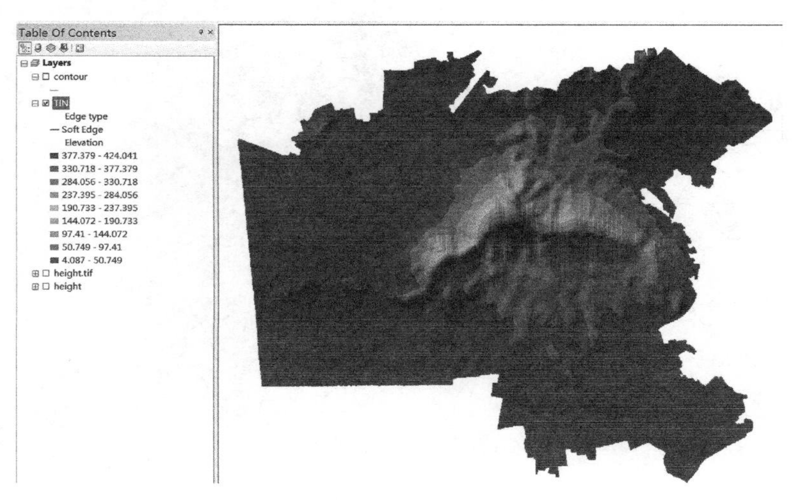

图 4-13 X 区高程图

二、坡向分析

使用符号系统功能生成坡向。在内容列表【Table Of Contents】中右击［TIN］，选择属性【Properties】，打开【Layer Properties】对话框，切换至符号系统【Symbology】。在显示【show】下取消勾选边类型【Edge types】和高程【Elevation】，点击添加【Add】，在弹出的【Add Renderer】对话框中选择具有分级色带的表面坡向【Face aspect with graduated color ramp】（图 4-14），点击添加【Add】，点击【确定】，生成表面坡向（图 4-15）。

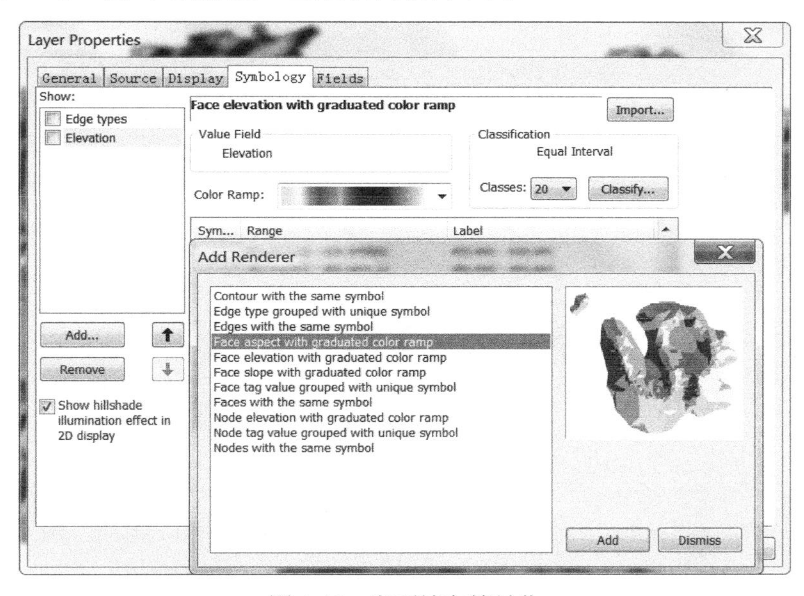

图 4-14　表面坡向符号化

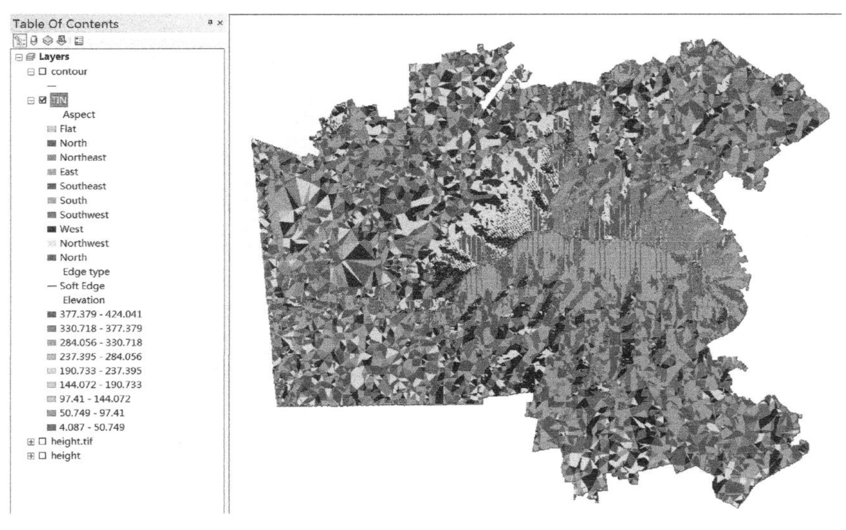

图 4-15　表面坡向符号化效果

三、坡度分析

➢ 方法一：使用符号系统功能生成坡度

在内容列表【Table Of Contents】中右击［TIN］，选择属性【Properties】，打开【Layer Properties】对话框，打开符号系统【Symbology】。在显示【show】下取消勾选边类型【Edge types】和高程【Elevation】，点击添加【Add】，在弹出的【Add Renderer】面板中选择具有分级色带的表面坡度【Face slope with graduated color ramp】（图 4-16），点击添加【Add】，生成表面坡度（图 4-17）。

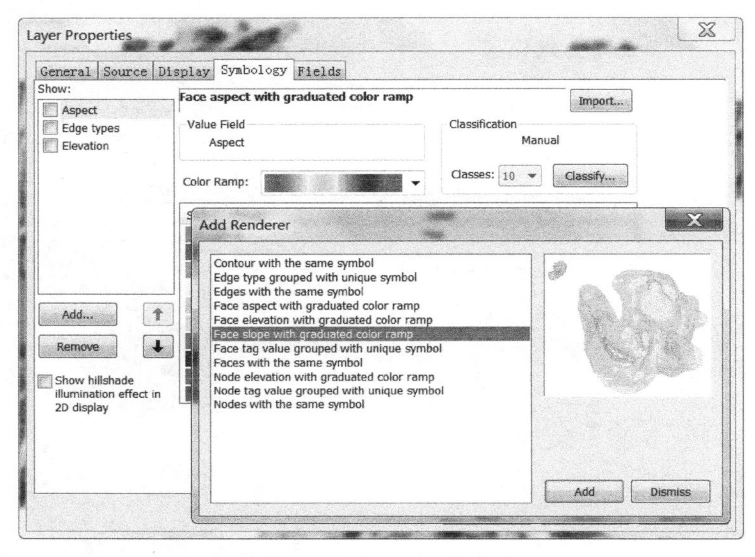

图 4-16　表面坡度符号化

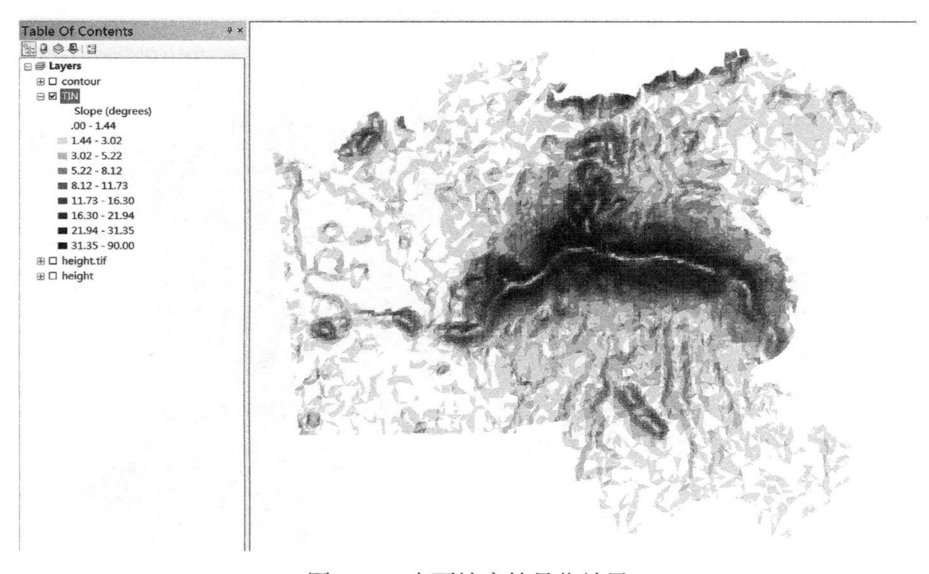

图 4-17　表面坡度符号化效果

➤ 方法二：使用分析工具生成连续坡度

在【ArcToolbox】的空间分析【Spatial Analyst Tools】中点击表面分析【Surface】，选择坡度【Slope】。在输入栅格中输入DEM数据［height］，在输出栅格中指定存储路径并命名为［Slope］（图4-18）。点击【OK】，创建坡度图（图4-19）。

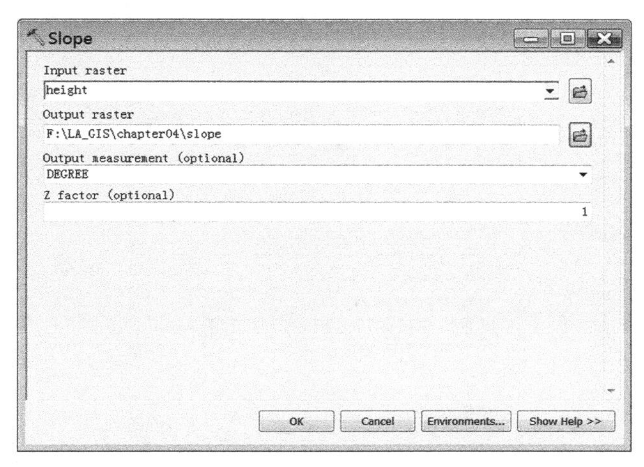

图4-18　坡度对话框

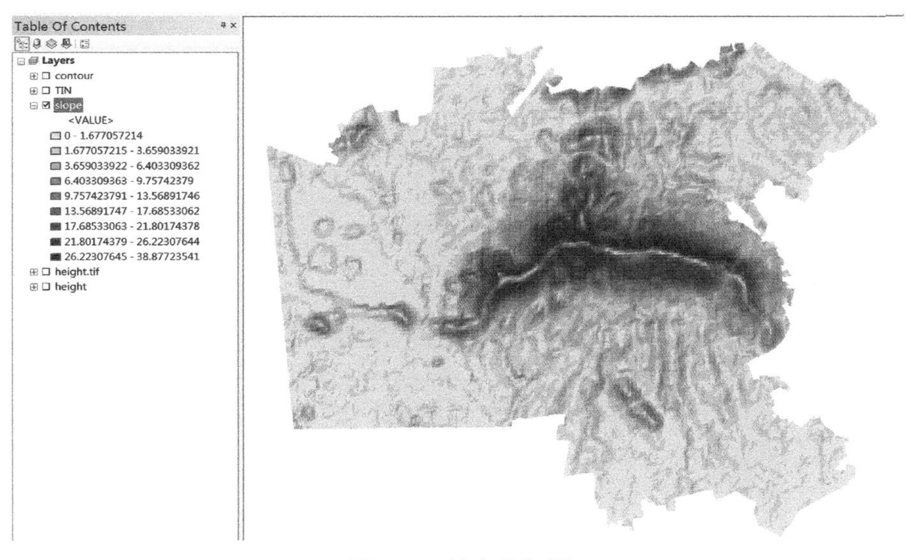

图4-19　坡度分级图

四、地形起伏度分析

使用DEM数据和ArcMap的焦点统计和栅格计算功能，分析区域内地形起伏度。在【ArcToolbox】的空间分析【Spatial Analyst Tools】中点击

【Neighborhood】，选择【Focal Statistics】（图 4-20）。在输入栅格中输入 GRID 格式的 DEM 数据［height］，在输出栅格中指定存储路径并命名为［maximum］，在数据类型【Stastistics type】中选择最大值【MAXIMUM】（图 4-21）。点击【OK】，输出数据。重复上步操作，在输入栅格中输入 DEM 数据［height］，在输出栅格中指定存储路径并命名为［minimum］，在数据类型【Stastistics type】中选择最小值【MINIMUM】（图 4-22）。点击【OK】，生成栅格数据［minimum］。

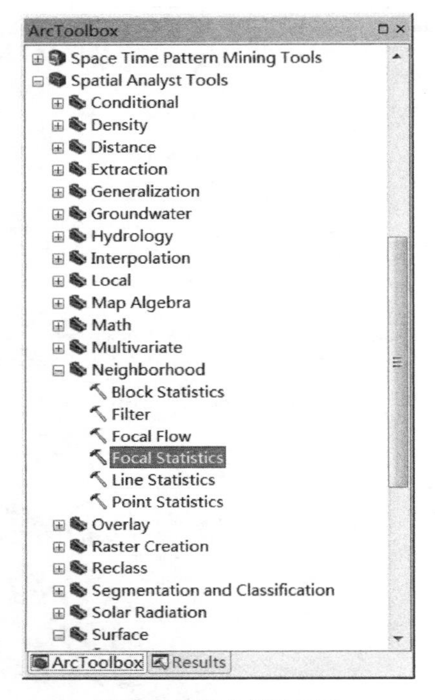

图 4-20 焦点统计工具

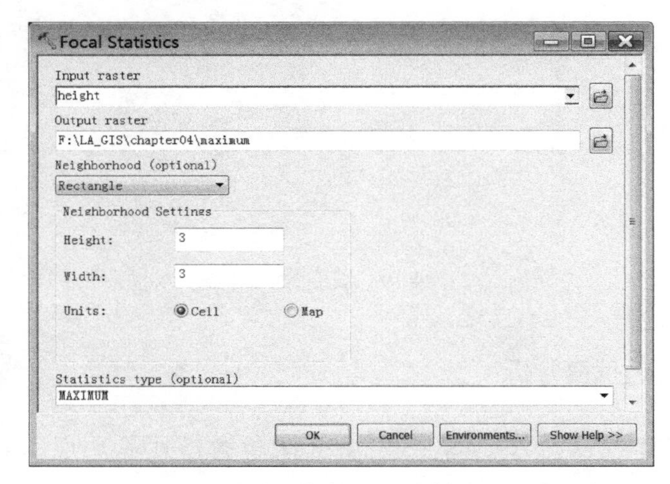

图 4-21 焦点统计 / 最大值

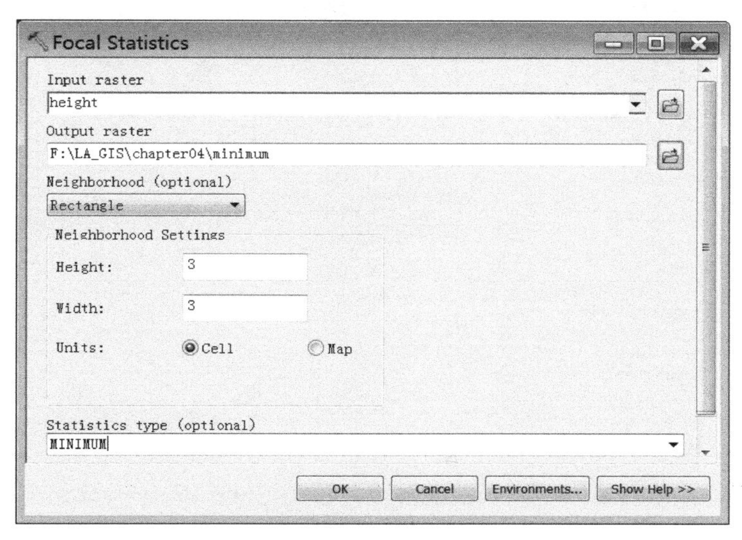

图 4-22　焦点统计 / 最小值

在【ArcToolbox】的空间分析【Spatial Analyst Tools】中点击【Map Algebra】，选择【Raster Calculator】（图 4-23）。在对话框中输入计算公式："maximum" — "minimum"，即最大值—最小值（图 4-24）。输出栅格为指定存储路径并命名为［qifudu］，点击【OK】，生成差值，即为地形起伏度分析图（图 4-25）。

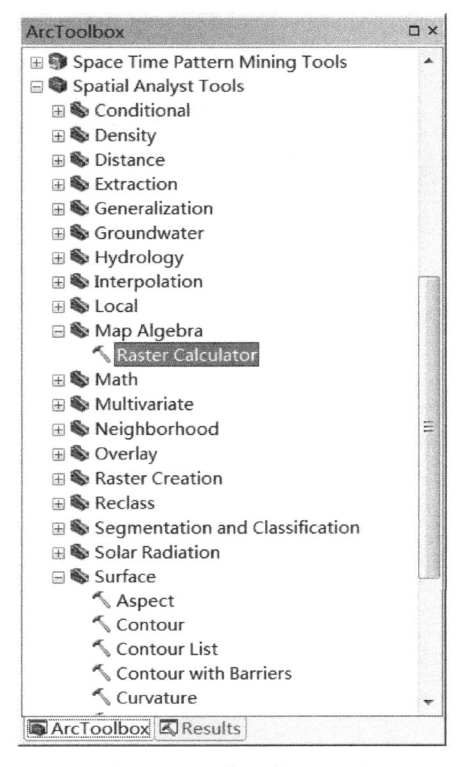

图 4-23　栅格计算器工具

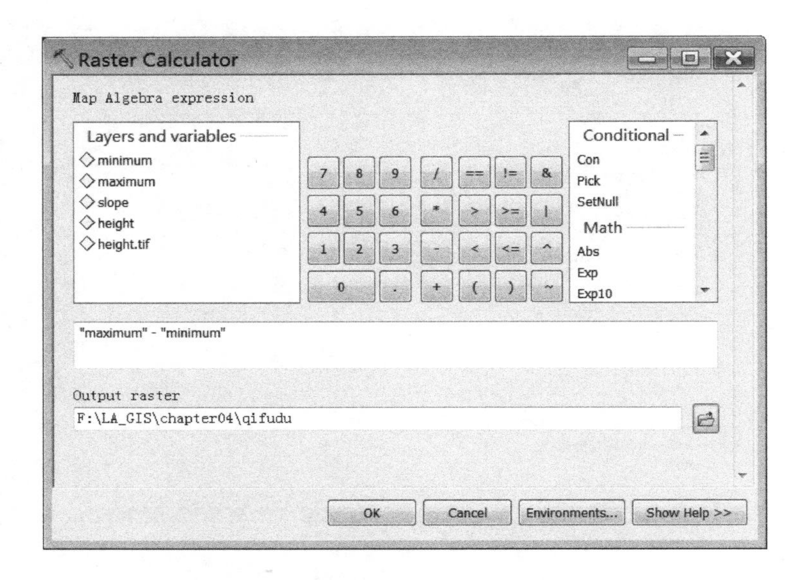

图 4-24　栅格计算器对话框

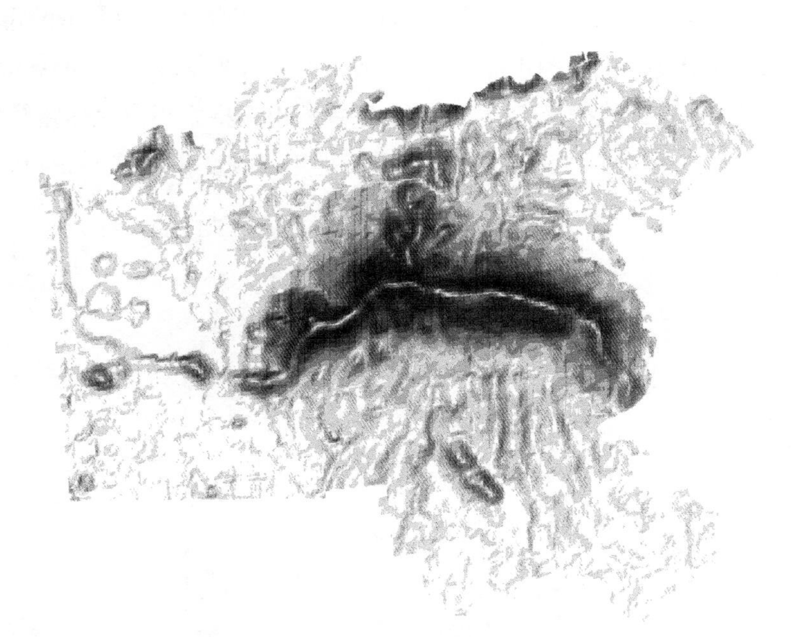

图 4-25　地形起伏度分析图

第五章　景观水系规划分析

目的：水系规划是景观规划的重要环节，而较精确的水文量化分析是水系规划的重要依据。本章在 X 区高程数据的基础上，使用 ArcMap10.3 的水文分析工具，对 X 区进行填洼分析、流向分析、流量分析、水流网络提取、流域分析等。

基础数据：X 区 DEM 数据［height.tif］（F:\LA_GIS\chapter05\height）

任务：以 X 区水文分析为例，学习如何利用 DEM 数据判断地表水的水流方向，如何生成汇流累积量，如何提取河流网络，如何划分流域。

第一节　填洼分析

➢ 步骤 1：打开 DEM 数据

启动【ArcMap】，在标准工具栏中点击【Add Data】添加数据，打开文件夹（F:\LA_GIS\chapter 05\height），载入名为［height.tif］的 DEM 数据。

➢ 步骤 2：利用填洼功能修正 DEM 数据

在主菜单中点击自定义【Customize】中的扩展模块【Extensions】，确认【Spatial Analyst】被勾选，即为激活。点击【Close】。打开【ArcToolbox】/【Spatial Analyst Tools】/ 水文分析【Hydrology】/ 填洼【Fill】，如图 5-1 所示。

在对话框的输入框中载入［height.tif］，在输出栅格中指定存储路径并命名为［fill］（图 5-2）。点击【OK】，生成填洼数据（图 5-3）。

在内容列表【Table Of Contents】中右击［fill］，选择属性【Properties】，切换至符号系统【Symbology】，按显示需求更改色带（图 5-4），使得总体高程表达更加清晰（图 5-5）。

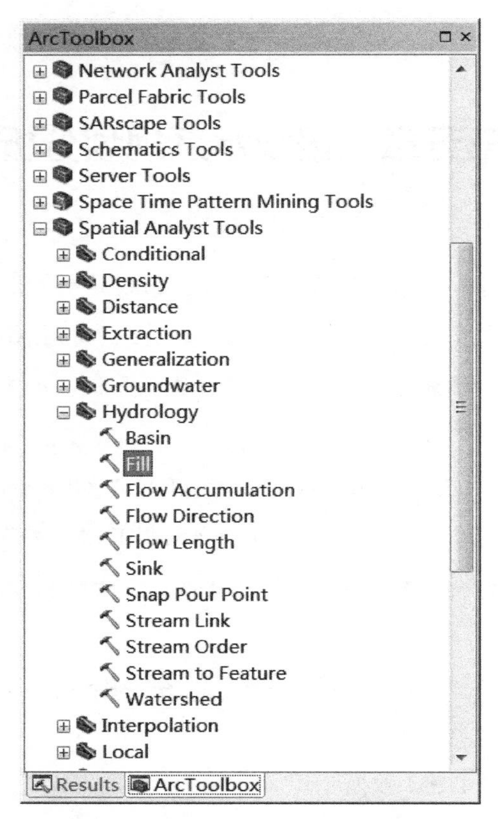

图 5-1 填洼工具

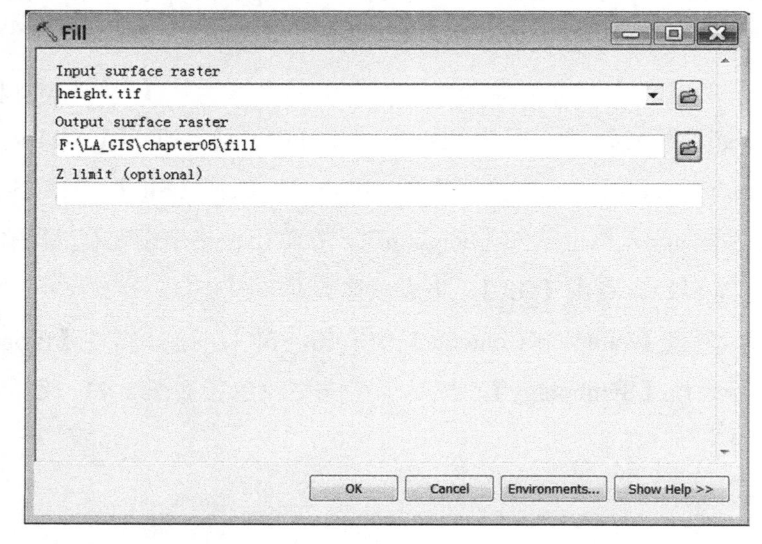

图 5-2 加载 DEM 数据

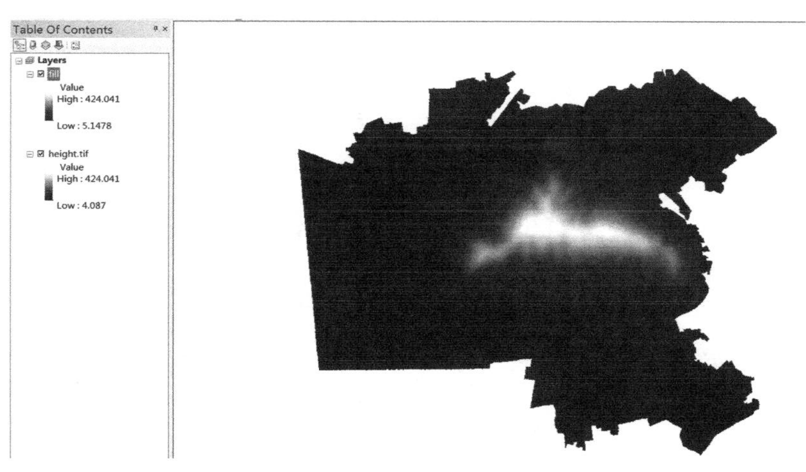

图 5-3 生成填洼数据

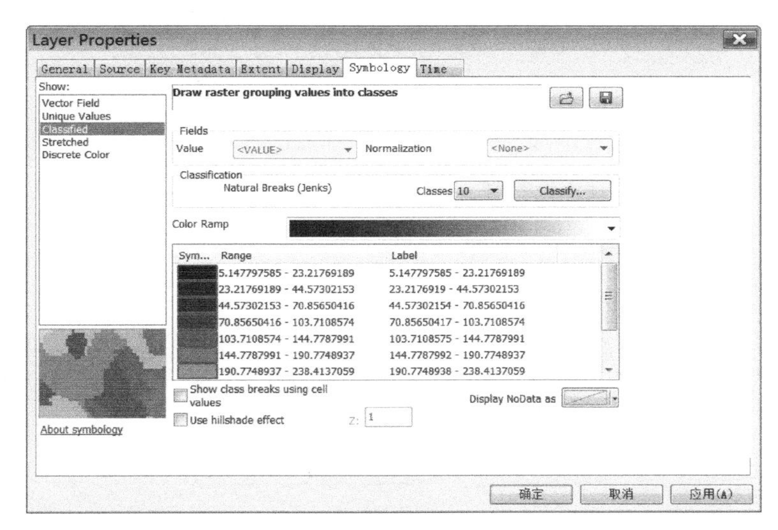

图 5-4 高程符号化

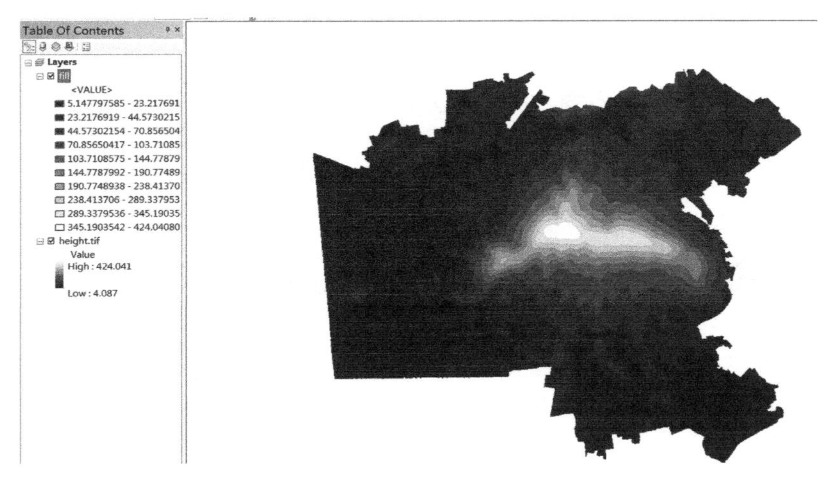

图 5-5 高程符号化结果

第二节 流 向 分 析

➢ 步骤 1：打开流向分析工具

打开【ArcToolbox】/【Spatial Analyst Tools】/ 水文分析【Hydrology】/ 流向【Flow Direction】，如图 5-6 所示。

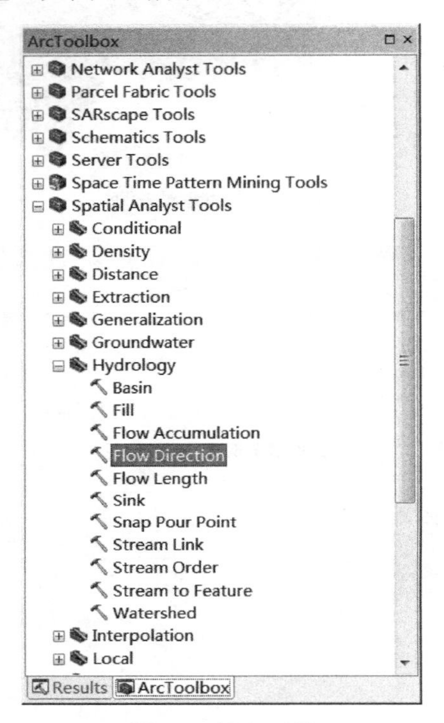

图 5-6 流向工具

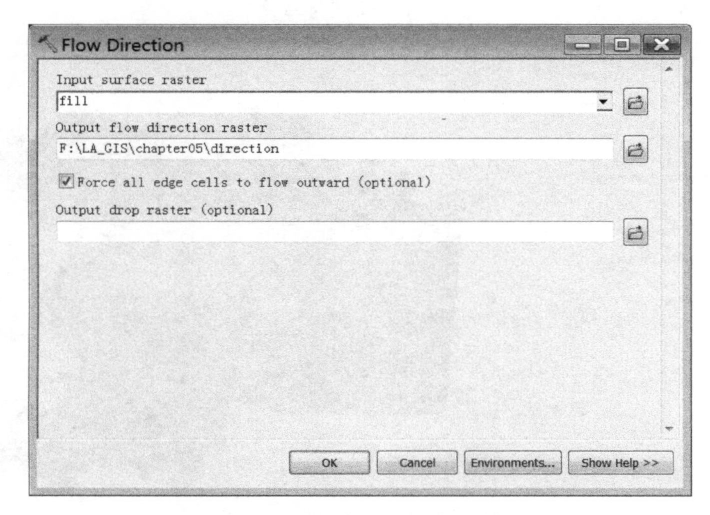

图 5-7 加载填洼后的高程数据

➢ 步骤 2：生成水流方向

在对话框的输入框中载入［fill］，在输出栅格中指定存储路径并命名为［direction］，同时确认强制所有边缘像元向外流动【Force all edge cells to flow outward（optional）】被勾选（图 5-7）。点击【OK】，生成流向栅格数据（图 5-8）。

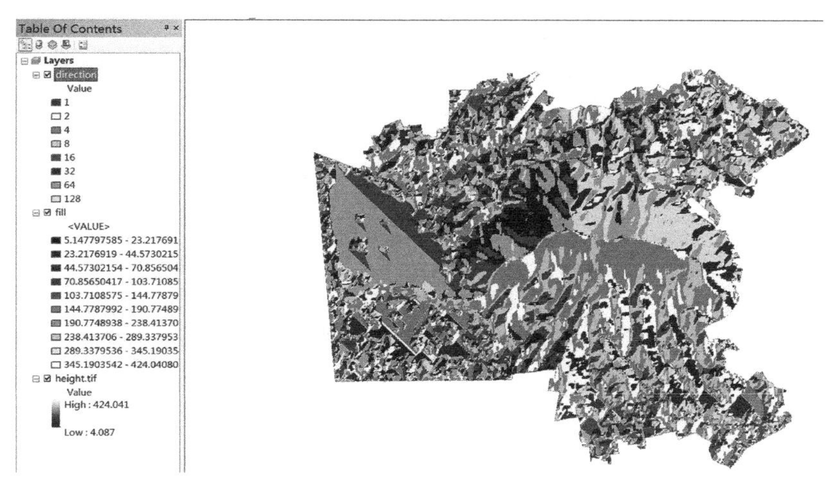

图 5-8　流向分析图

第三节　流 量 分 析

➢ 步骤 1：操作流量命令

打开【ArcToolbox】/【Spatial Analyst Tools】/ 水文分析【Hydrology】/ 流量【Flow Accumulation】（图 5-9）。

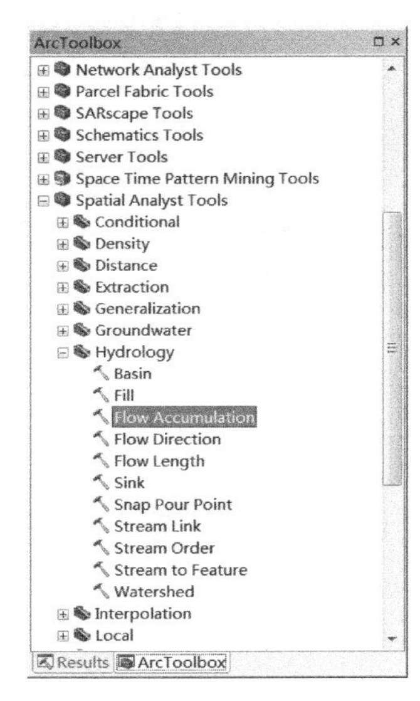

图 5-9　流量工具

➢ 步骤 2：生成流量数据

将［direction］作为输入流向栅格数据，并指定输出路径及文件名为［accumulation］（图 5-10），点击【OK】，生成水流总量数据（图 5-11）。

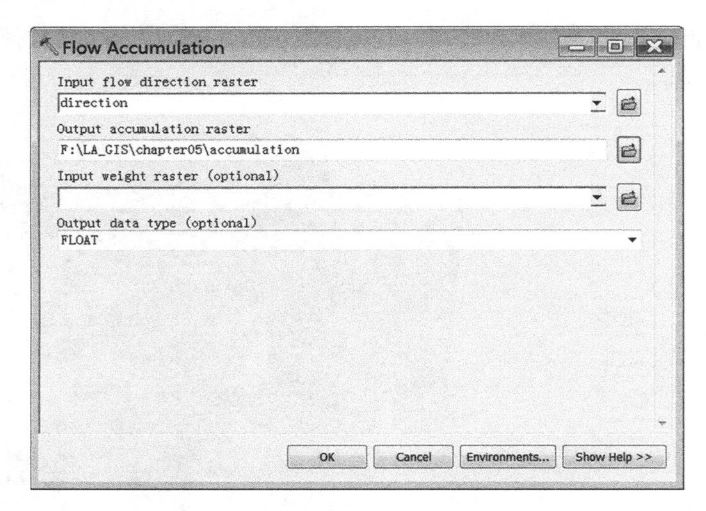

图 5-10 加载流向数据

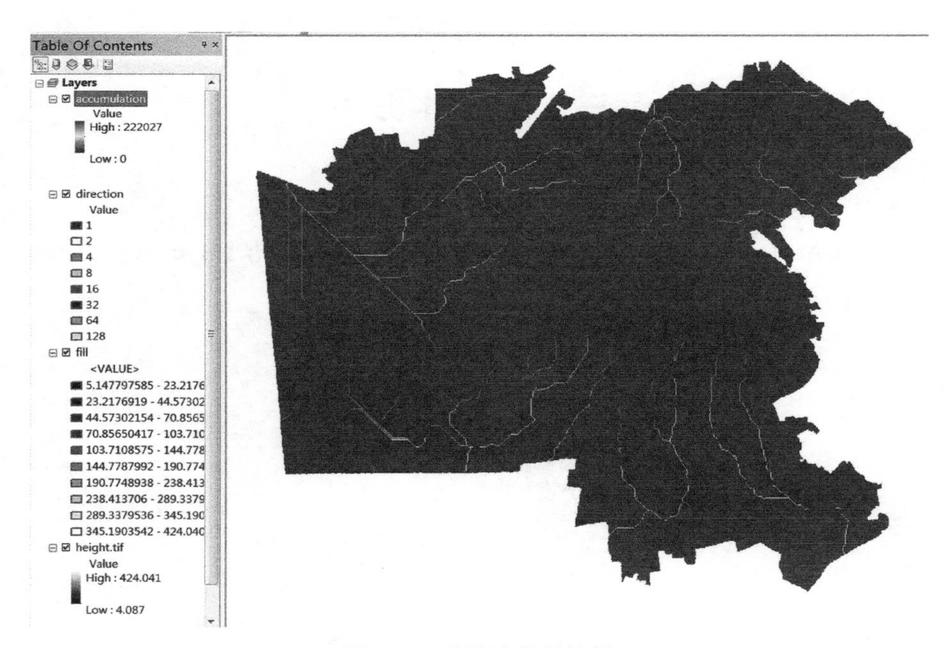

图 5-11 水流流量栅格图

第四节 提取水流网络

➢ 步骤 1：使用流量数据生成水流网络

打开【ArcToolbox】/【Spatial Analyst Tools】/ 地图代数【Map Algebra】/

栅格计算器【Raster Caculator】（图 5-12）。

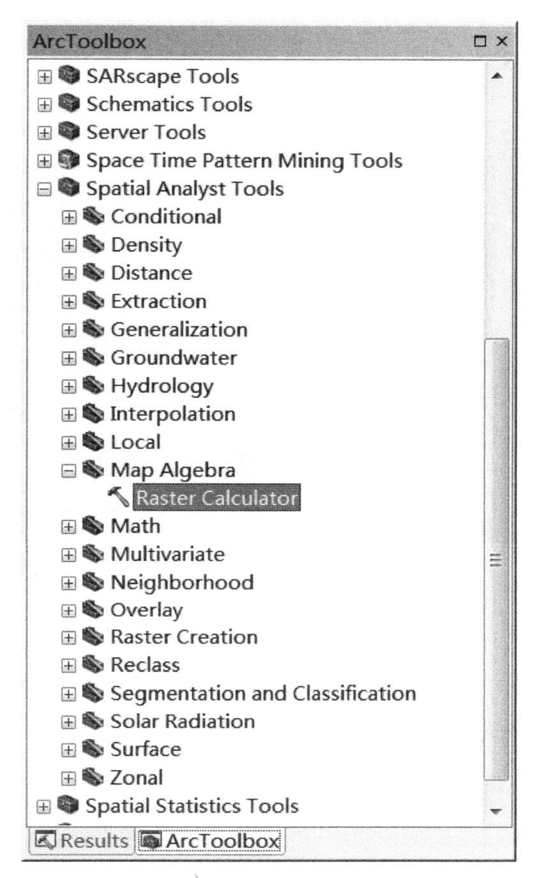

图 5-12　栅格计算器工具

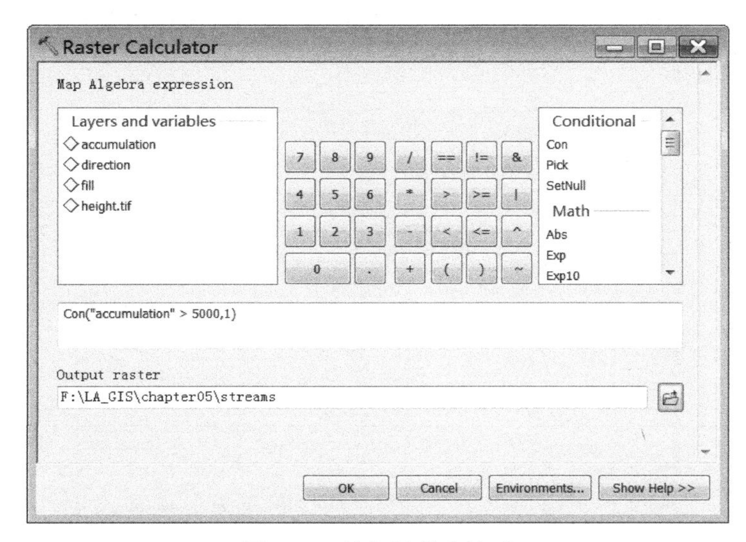

图 5-13　输入计算表达式

按照图 5-13 所示，在栅格计算器中输入图示表达式：Con（“accumulation”

>5000, 1）。指定输出路径及文件名［streams］，点击【OK】，生成水流网络（图 5-14）。

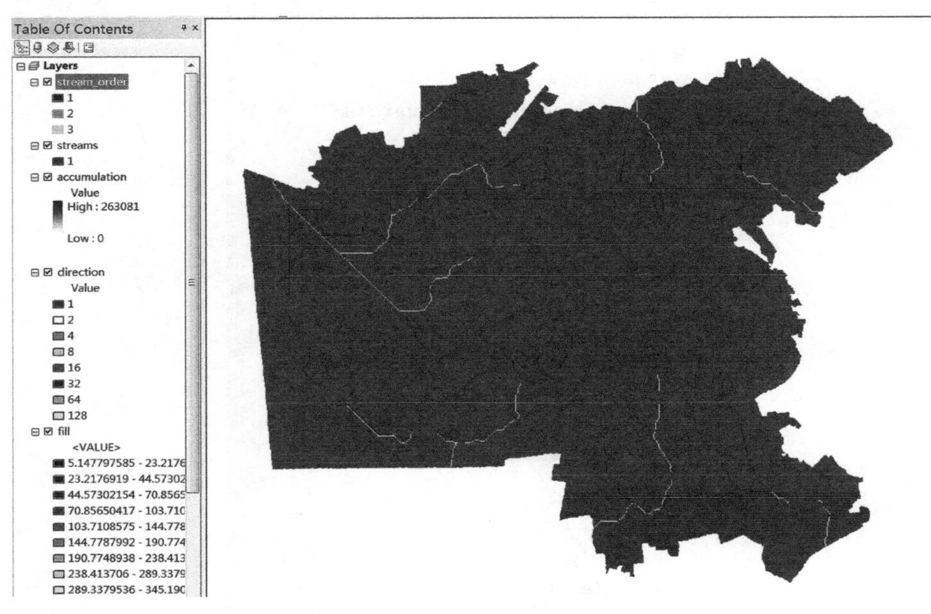

图 5-14　河流网络提取结果

➢ 步骤 2：河网分级

打开【ArcToolbox】/【Spatial Analyst Tools】/ 水文分析【Hydrology】/ 河网分级【Stream Order】。按照图 5-15 所示，在输入河网栅格栏中输入［streams］，在输入流向栅格栏中输入［direction］，并指定输出路径及文件名［stream_order］，选择最常用的分级方法【STRAHLER】。点击【OK】，生成河流分级结果（图 5-16）。

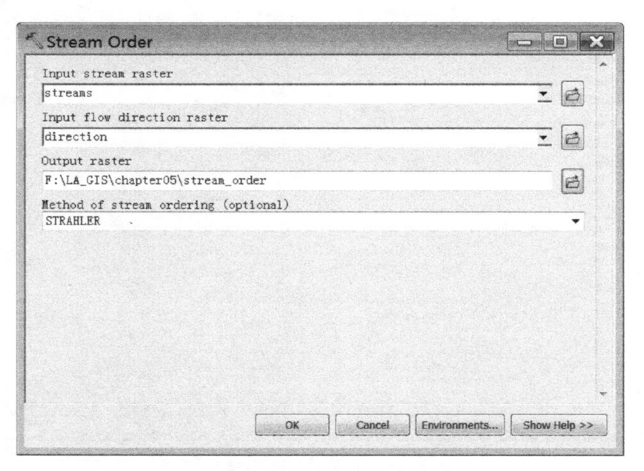

图 5-15　河流分级参数设置

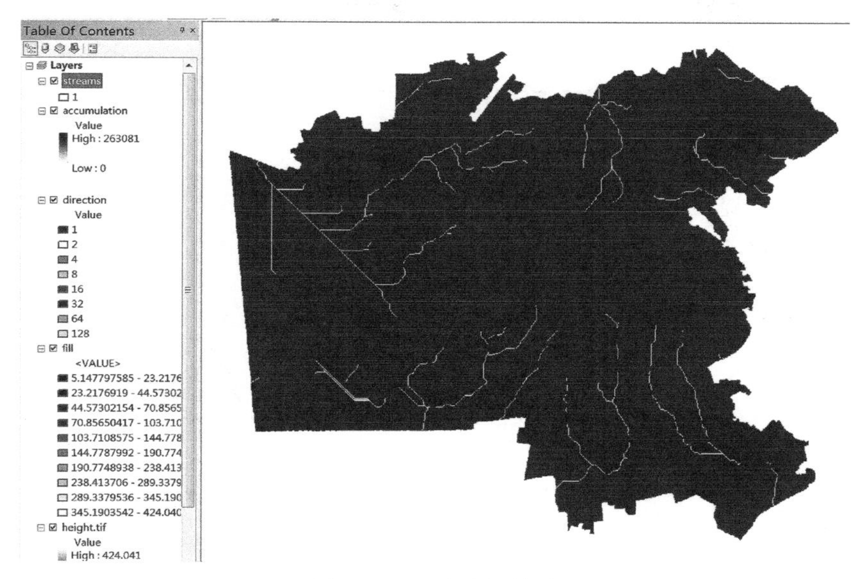

图 5-16 河流分级结果

➢ 步骤 3：栅格河网矢量化

打开【ArcToolbox】/【Spatial Analyst Tools】/ 水文分析【Hydrology】/ 栅格河网矢量化【Stream to Feature】（图 5-17）。按照图 5-18 所示，在输入河网栅格栏中选择文件［streams］，在输入流向栅格栏中选择文件［direction］，并指定输出路径和文件名为［feature］，取消勾选“Simplify polylines”，即不简化河流线型。点击【OK】，生成水流网络矢量数据（图 5-19）。

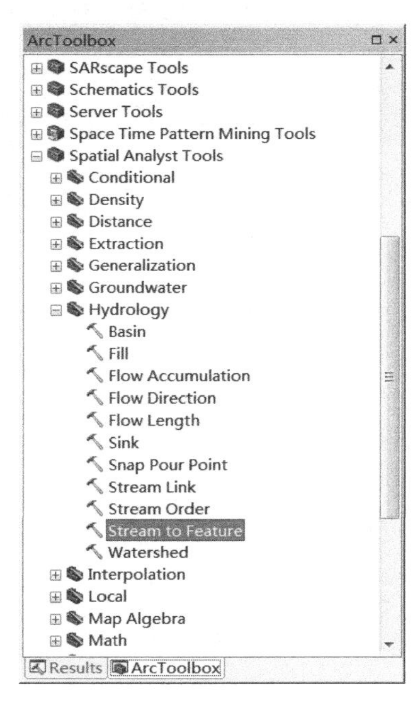

图 5-17 河网矢量化工具

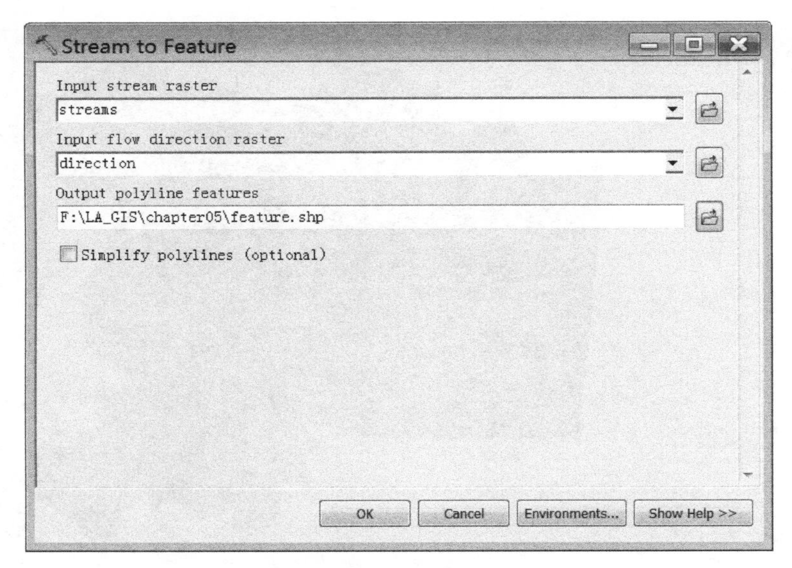

图 5-18　河网矢量化对话框设置

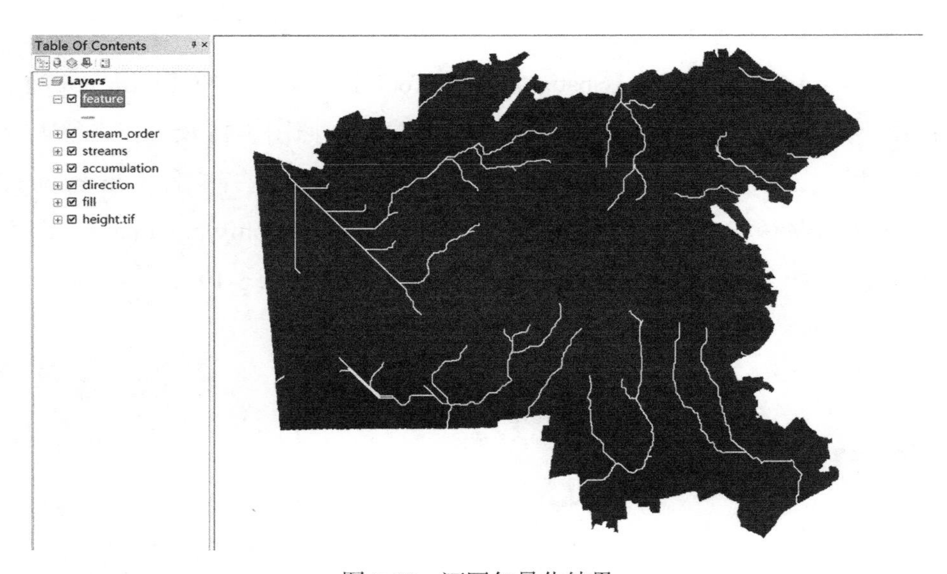

图 5-19　河网矢量化结果

第五节　流 域 分 析

打开【ArcToolbox】/【Spatial Analyst Tools】/ 水文分析【Hydrology】/ 盆域分析【Basin】。选择［direction］作为输入流向栅格数据，指定数据输出路径并命名为［basin］（图 5-20）。点击【OK】，生成流域图（图 5-21）。

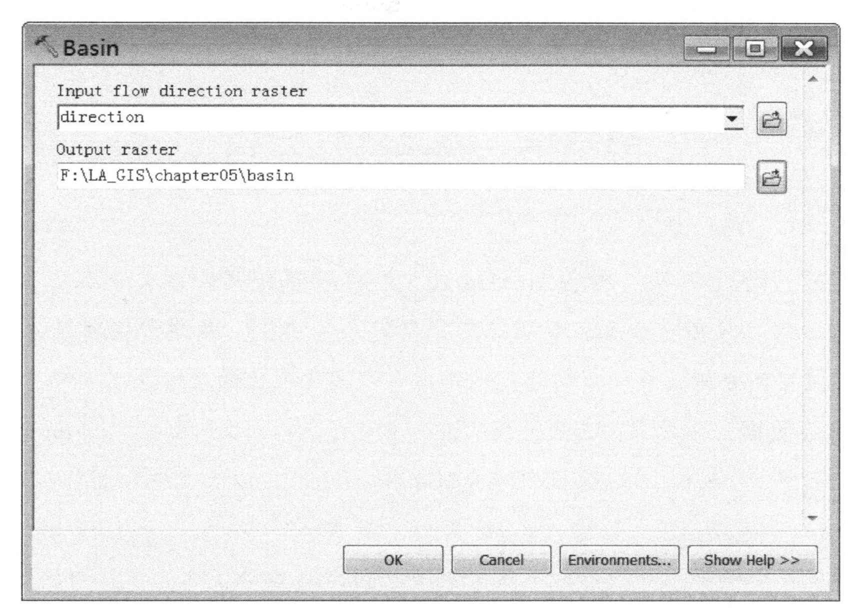

图 5-20　盆域分析对话框设置

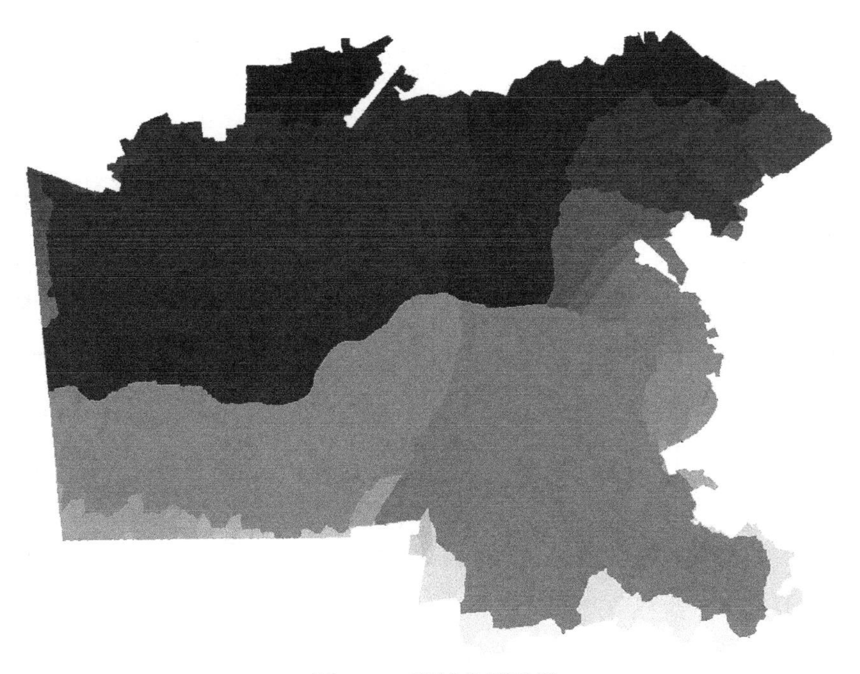

图 5-21　流域分析结果

第六章　园路优化分析

目的：通过练习，熟悉 ArcMap 10.3 栅格数据距离制图、表面分析、成本权重距离、数据重分类、最短路径等空间分析功能，熟练掌握利用 ArcMap 10.3 上述空间分析功能，分析和处理类似寻找园路优化的实际应用问题。

基础数据：H 景区 DEM 数据［dem_PR］、路径源点数据［startpot］、路径终点数据［endpot］、H 景区河流分级数据［river］，以上文件位置为（F:\LA_GIS\chapter 06）。

任务：本操作以寻找最短园路为例。以 H 景区部分山体为实践对象，结合原有道路，随机选取一个起点、一个终点，通过分析得出园路优化（最短路径）。

第一节　园路综合成本分析

➢ 步骤 1：运行 ArcMap 并加载数据

如果 Spatial Analyst 模块未能激活，单击菜单栏中的自定义【Customize】/扩展模块【Extensions】，勾选 Spatial Analyst，点击【Close】（图 6-1）。加载（F:\LA_GIS\chapter 06）文件夹中的［river］、［endpot］、［startpot］、［dem_PR］数据。

➢ 步骤 2：创建成本数据集

要找到最佳园路选线，首先需要从适宜性地图创建源数据输入及成本数据集，把它们作为成本加权函数输入。

考虑到山地坡度、地形起伏度对修建公路的成本影响比较大，尤其山地坡度更是人们首先关注的对象，在创建成本数据集时，可考虑分配其权重比为 0.6∶0.4，但是在有流域分布的情况下，河流对成本影响较大。在此情形下，成本数据集考虑为合并山地坡度和地形起伏度之后的成本，加上河流对成本的影响即可。

● 创建坡度成本数据

选择【Spatial Analyst Tools】/【Surface】/【Slope】，载入（F:\LA_GIS\chapter 06）DEM 数据层［dem_PR］，在（F:\L A_GIS\chapter 06）保存为［Slope］（图 6-2），点击【OK】。生成的坡度分析图如图 6-3 所示。

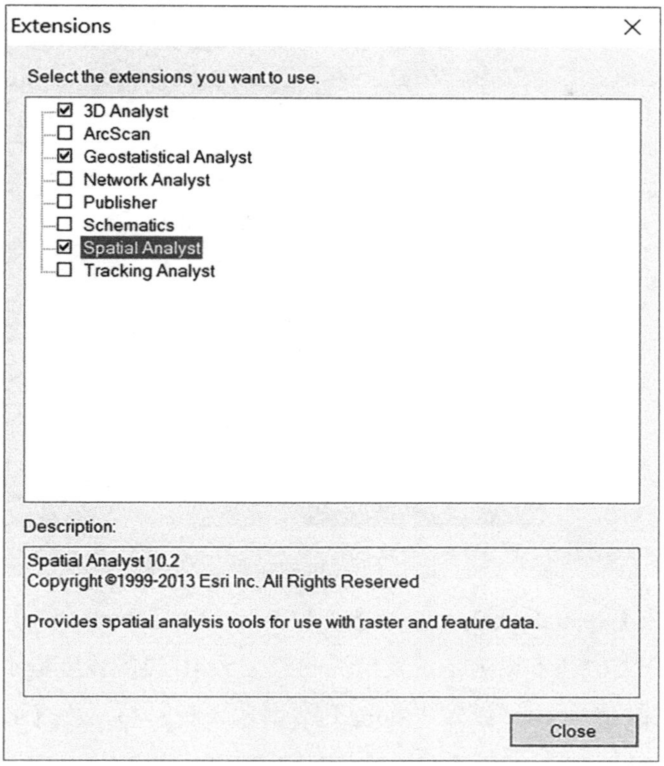

Extensions

Select the extensions you want to use.

- ☑ 3D Analyst
- ☐ ArcScan
- ☑ Geostatistical Analyst
- ☐ Network Analyst
- ☐ Publisher
- ☐ Schematics
- ☑ Spatial Analyst
- ☐ Tracking Analyst

Description:

Spatial Analyst 10.2
Copyright ©1999-2013 Esri Inc. All Rights Reserved

Provides spatial analysis tools for use with raster and feature data.

Close

图 6-1 【Extensions】对话框

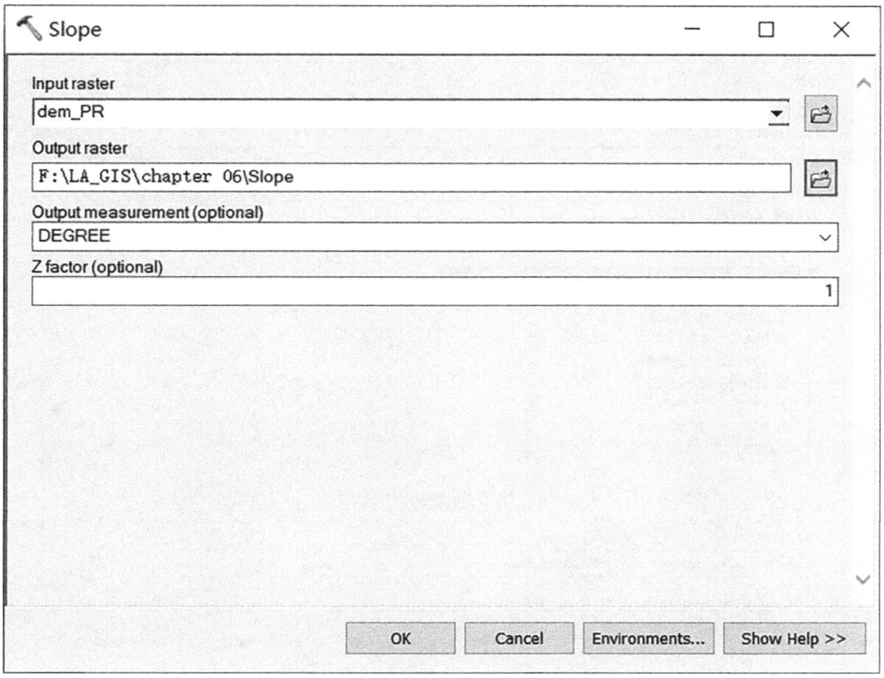

Slope

Input raster
dem_PR

Output raster
F:\LA_GIS\chapter 06\Slope

Output measurement (optional)
DEGREE

Z factor (optional)
1

OK　Cancel　Environments...　Show Help >>

图 6-2 【Slope】对话框

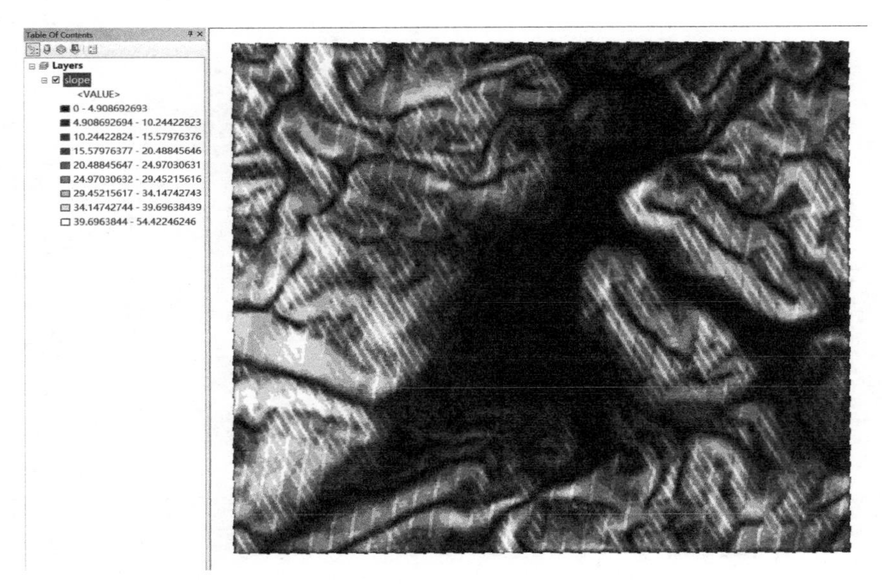

图 6-3　坡度分析图

依次选择【Spatial Analyst Tools】/【Reclass】/【Reclassify】对坡度进行重分类。重分类的基本原则是：采用等间距分为 10 级，坡度最小一级赋值为 1，最大一级赋值为 10。载入［Slope］数据层（图 6-4）。在【Reclassify】窗口中点击【Classify】，打开【Classification】窗口。在【Classification】窗口选择【Classes】为 10，【Method】为等值【Equal Interval】，点击【OK】得到坡度成本数据（图 6-5），在（F:\LA_GIS\chapter 06）保存为［reclass_slope］。

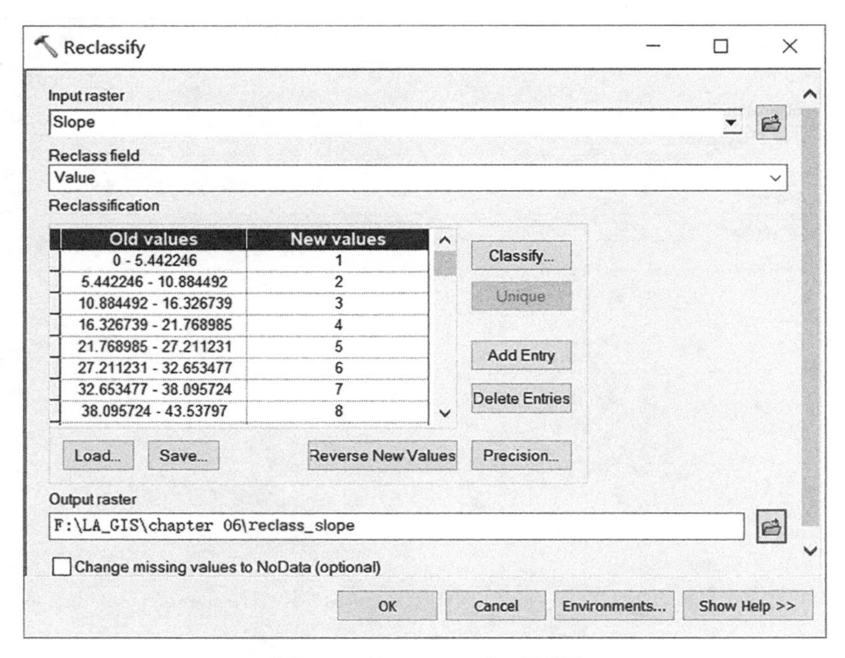

图 6-4　【Reclassify】对话框

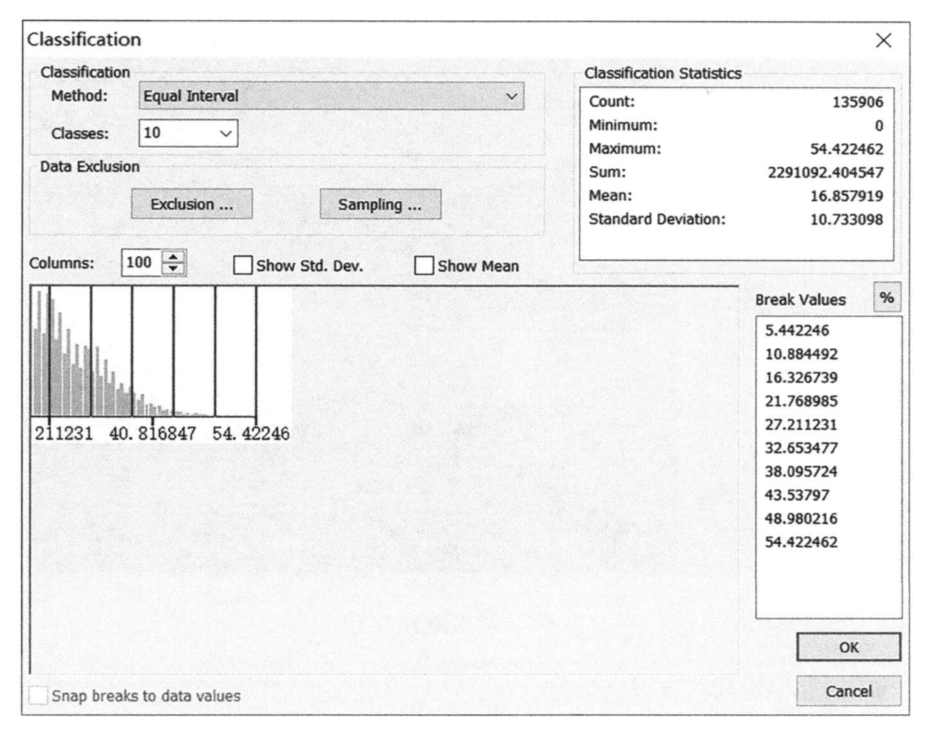

图 6-5 【Classification】对话框

在内容列表中右击［reclass_slope］，选择属性［Layer Properties］，选择【Symbology】，调整颜色（图 6-6），生成的坡度重分类图（图 6-7）。

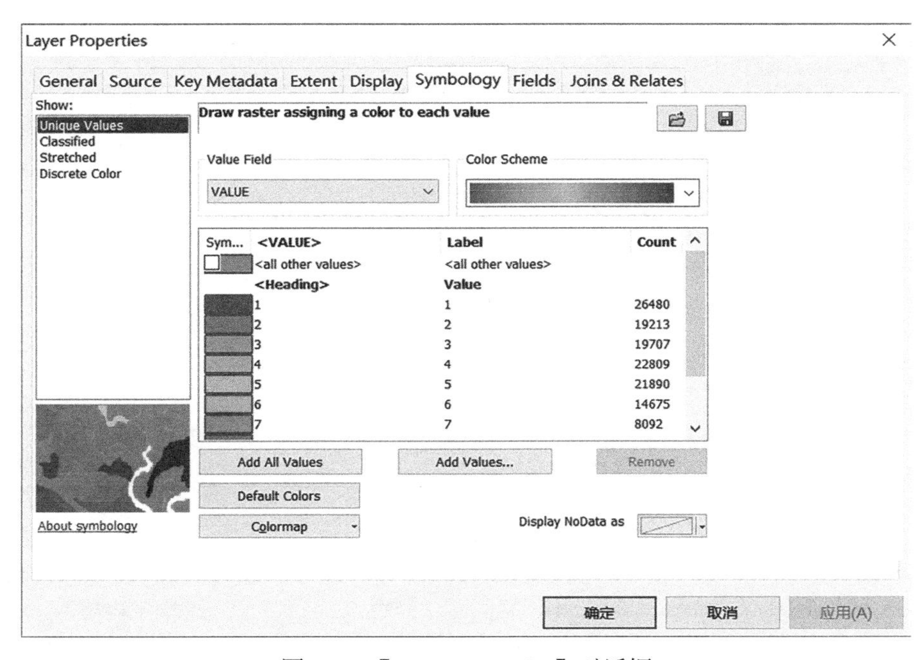

图 6-6 【Layer Properties】对话框

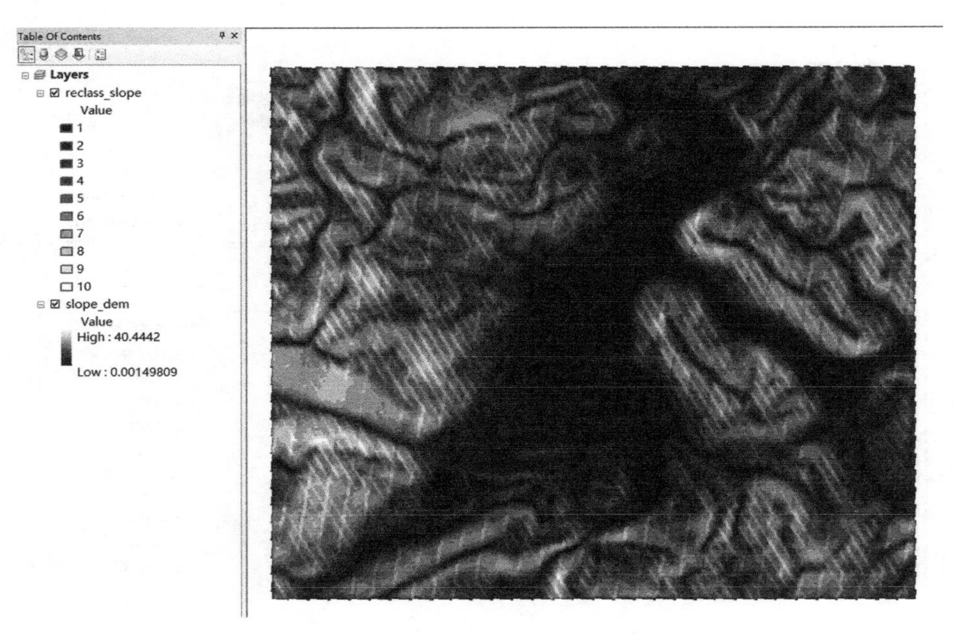

图 6-7 坡度重分类图

● 创建地形起伏度成本数据

选择【Spatial Analyst Tools】/【Neighborhood】/【Focal Statistics】，载入［dem_PR］数据层，参数设置如图 6-8 所示，点击【OK】，生成地形起伏度数据层，输出栅格文件命名为［QFD］，存储在（F:\LA_GIS\chapter 06）中（图 6-9）。

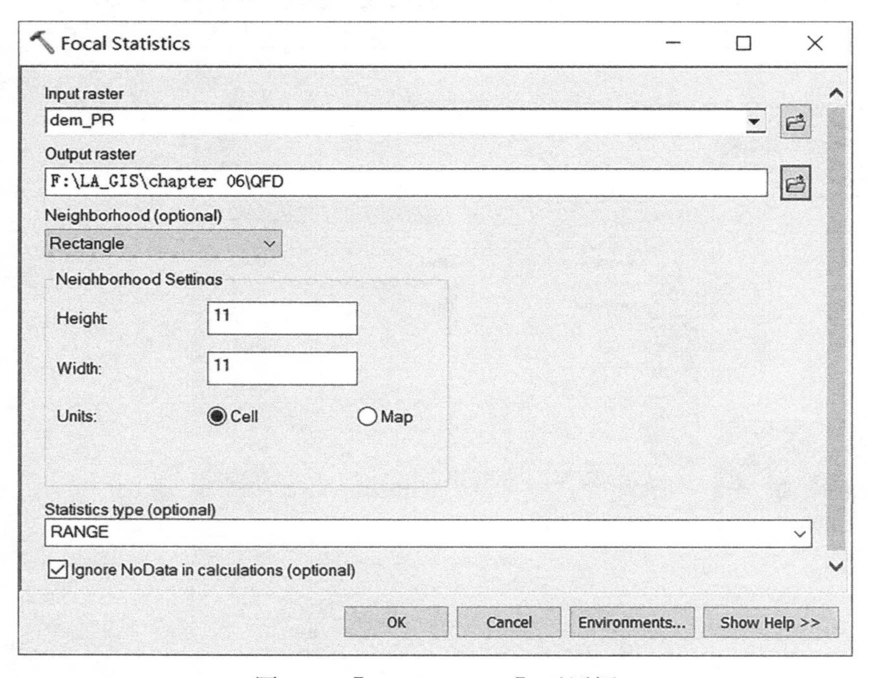

图 6-8 【Focal Statistics】对话框

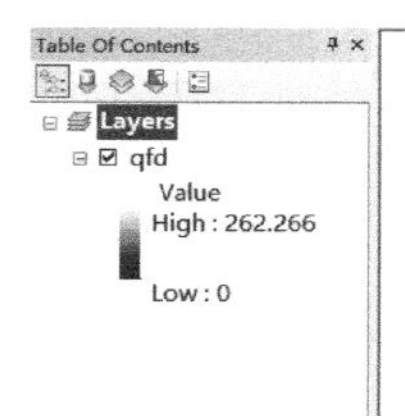

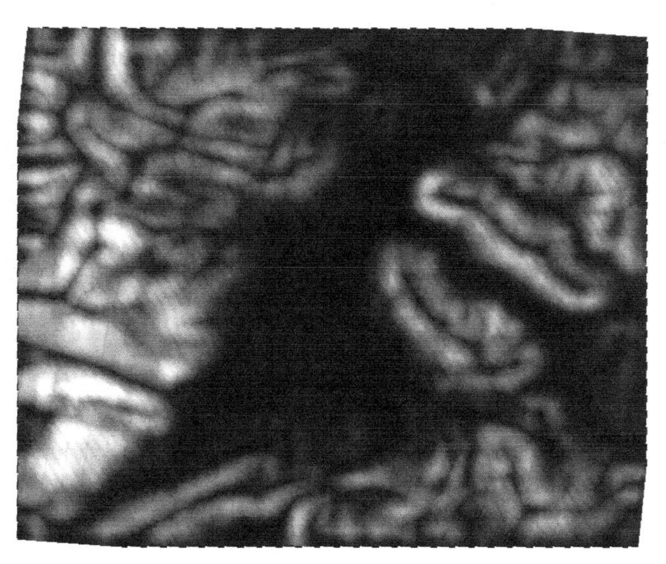

图 6-9　地形起伏度

选择【Spatial Analyst Tools】/【Reclass】/【Reclassify】进行重分类。载入［QFD］数据层，选择【Classify】，按十级等间距实施重分类，地形越起伏，地形起伏度越高，级数赋值越高，最小一级赋值为 1，最大一级赋值为 10，生成地形起伏度重分类图，存储在（F:\LA_GIS\chapter 06）中，保存为［reclass_qfd］（图 6-10）。地形起伏度重分类步骤可参照坡度重分类的步骤。

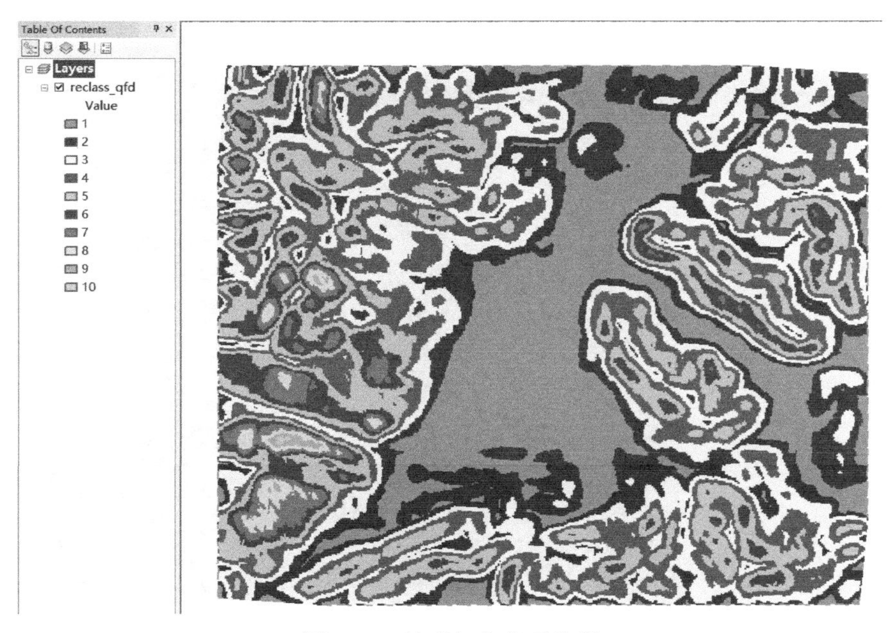

图 6-10　地形起伏度重分类

● 创建河流成本数据

选择【Spatial Analyst Tools】/【Reclass】/【Reclassify】进行重分类。载入［river］数据层，在【New values】中按照河流等级进行等级赋值，如5级为10，从高向低依次赋值为10、8、5、2、1。生成河流成本文件，按路径存储命名为［reclass_river］（图6-11、图6-12）。

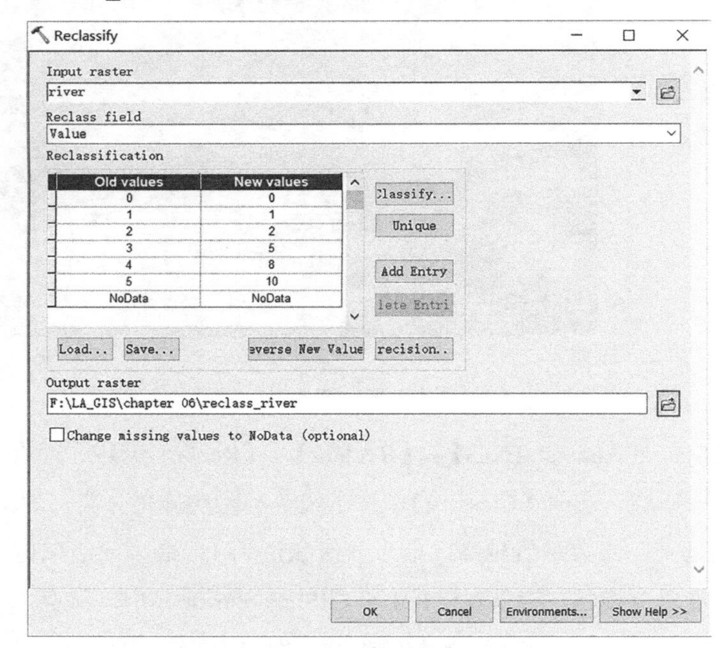

图6-11　河流成本重分类对话框

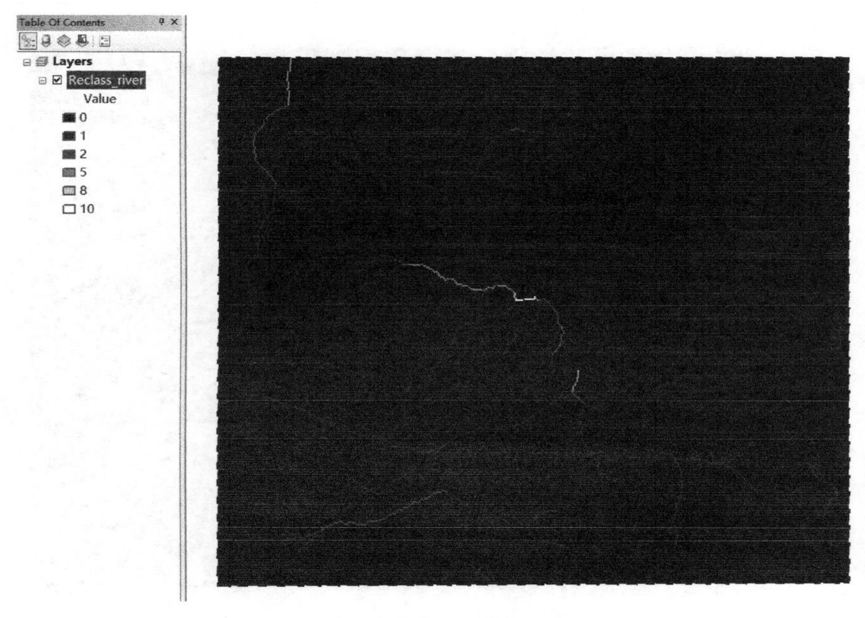

图6-12　河流成本重分类图

➢ 步骤 3：加权合并单因素成本数据，生成最终成本数据集

依次选择【Spatial Analyst Tools】/【Map Algebra】/【Raster Calculator】合并数据集。计算公式（图 6-13）为：

Cost = reclass_river（重分类河流数据）+ reclass_slope（重分类坡度数据）*0.6 + reclass_qfd（重分类地形起伏度数据）*0.4

得到最终成本栅格数据，命名为 [cost]，存放路径为（F:\LA_GIS\chapter 06）文件夹。加载 [cost] 文件，深色表示成本高的部分，颜色越浅，成本越低（图 6-14）。

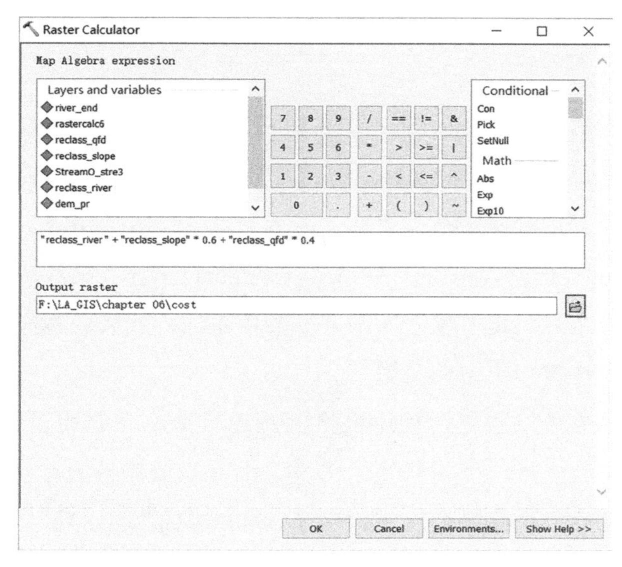

图 6-13　计算成本权重数据对话框

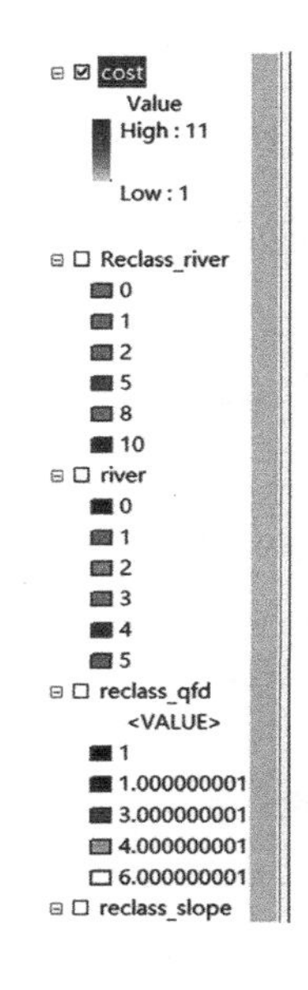

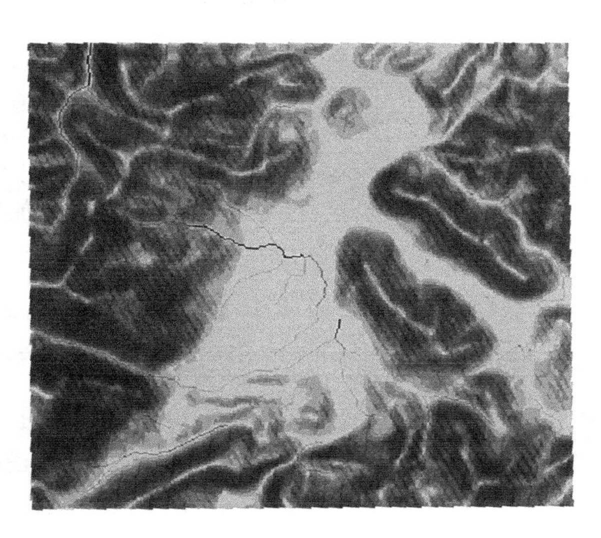

图 6-14　成本栅格数据

第二节　最佳园路选取计算

➢ 步骤 1：计算成本距离加权函数

计算从起点到其他各点的成本，并制作成本距离图。成本距离加权是计算每个栅格像元到离其最近、成本最低的目标的最小累加成本。由于每个栅格像元的成本不同，经过该栅格像元的方式也不同。成本距离加权实际上是每个栅格像元到达累加成本最小目标所穿越每个栅格像元的距离乘以成本之和。而视线距离功能就是成本距离加权的一个特例，在直线距离中成本仅仅是距离成本（韩贵锋，2018）。

依次选择【Spatial Analyst Tools】/【Distance】/【Cost Distance】，设置参数，在【Input raster or feature source data】中加载［starpot］起点数据，在【Input cost raster】中加载［cost］成本数据（图 6-15），点击【OK】。生成成本距离栅格图［CostDis_start］，保存于（F:\LA_GIS\chapter 06）文件夹中（图 6-16）。加载［CostDis_start］，其中浅色为源点，颜色越深，代表成本距离加权越高。

➢ 步骤 2：计算距离方向函数

成本回溯连接栅格数据，使用栅格回溯连接数据工具得到距离方向函数。距离方向函数表示从每一个栅格像元出发，沿着最低累计成本路径到达最近目标的路线方向，每一个栅格像元将被赋予一个方向值（1-8），这一方向值表示了从此栅格到最近目标的最小成本路径的方向（韩贵锋，2018）。

具体操作步骤如下：依次选择【Spatial Analyst Tools】/【Distance】/【Path Distance Back Line】，参数设置如图 6-17 所示，在【Input raster or feature source data】中加载［starpot］起点数据，在【Input cost raster】中加载［cost］成本数据，生成成本距离方向图，保存为［PathBac_start］，位置为（F:\LA_GIS\chapter 06）文件夹。生成距离方向图（图 6-18），其中三角形的位置为源点。

➢ 步骤 3：求取最优园路选线

依次选择【Spatial Analyst Tools】/【Distance】/【Cost Path】，设置参数，在【Input raster or feature destination data】中加载［endpot］终点数据，在【Input cost distance raster】中加载［CostDis_start］成本距离数据，在【Input cost backlink raster】中加载［PathBac_start］距离方向数据，生成最短路径图，保存为［bestpath］，位置为（F:\LA_GIS\chapter 06）文件夹（图 6-19）。点击【OK】按钮，生成最终的最优园路选线图，白色粗线部分为确定的最优路径（图 6-20）。

最后可打开之前生成的［reclass_slope］、［reclass_qfd］、［reclass_river］、［CostDis_start］、［PathBac_start］进行验证分析，可以看到这条最优路径综合了河流成本、地形起伏度成本与坡度成本，基于这些综合成本，针对目标点计算成本距离加权与距离方向，最终得出了最优路径。GIS 求取的最佳路线大多沿着平缓的地块蜿蜒而上，避开了陡峭的山脊，为道路选线提供了一条很好的参考路径。

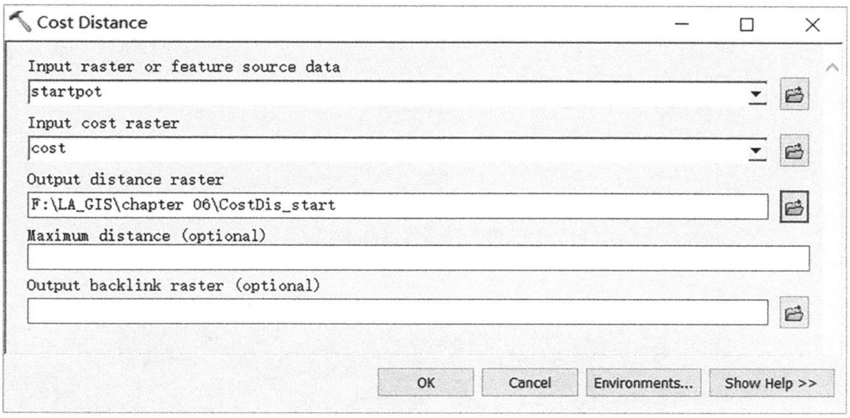

Cost Distance

Input raster or feature source data

startpot

Input cost raster

cost

Output distance raster

F:\LA_GIS\chapter 06\CostDis_start

Maximum distance (optional)

Output backlink raster (optional)

OK　Cancel　Environments...　Show Help >>

图 6-15　【Cost Distance】对话框

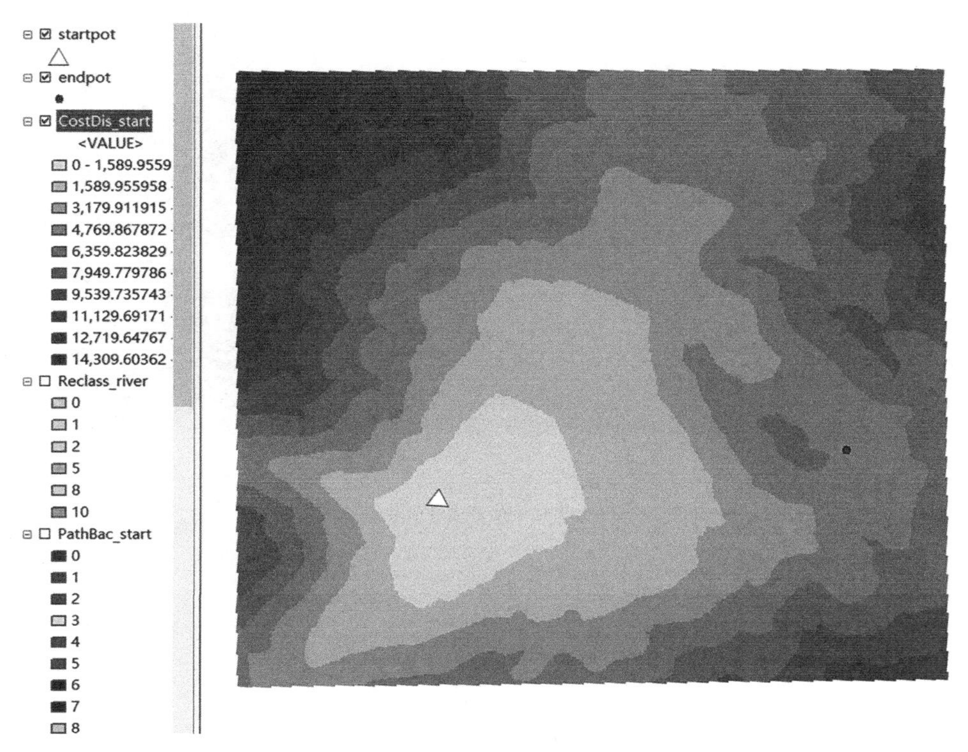

图 6-16　成本距离图

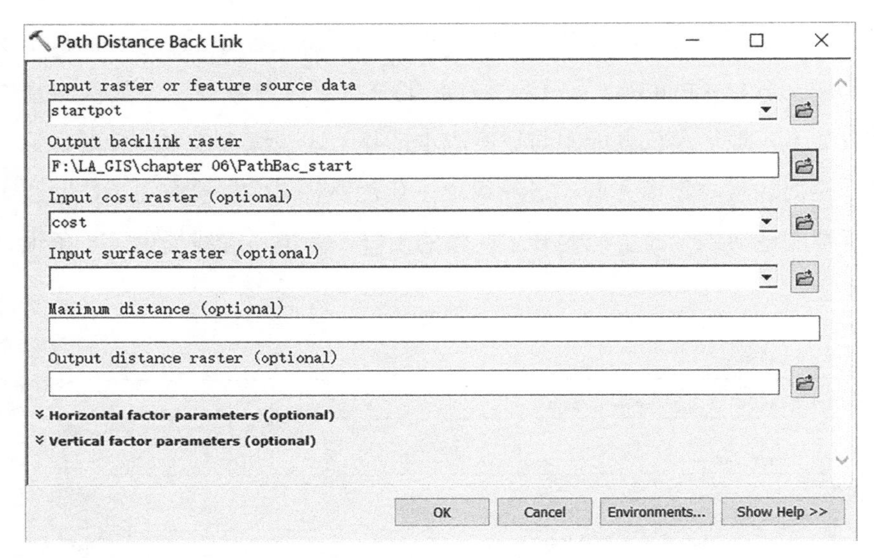

图 6-17　【Path Distance Back line】对话框

图 6-18　距离方向图

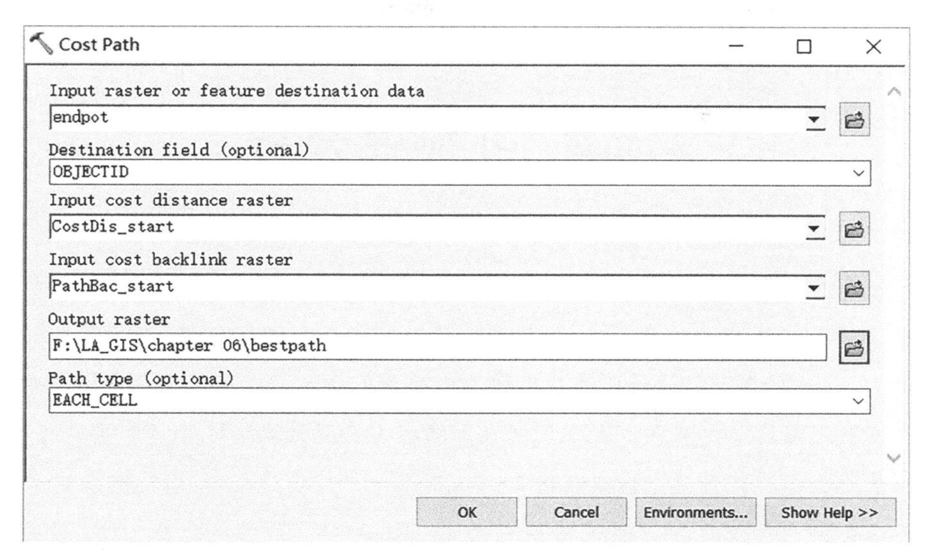

图 6-19　【Cost Path】对话框

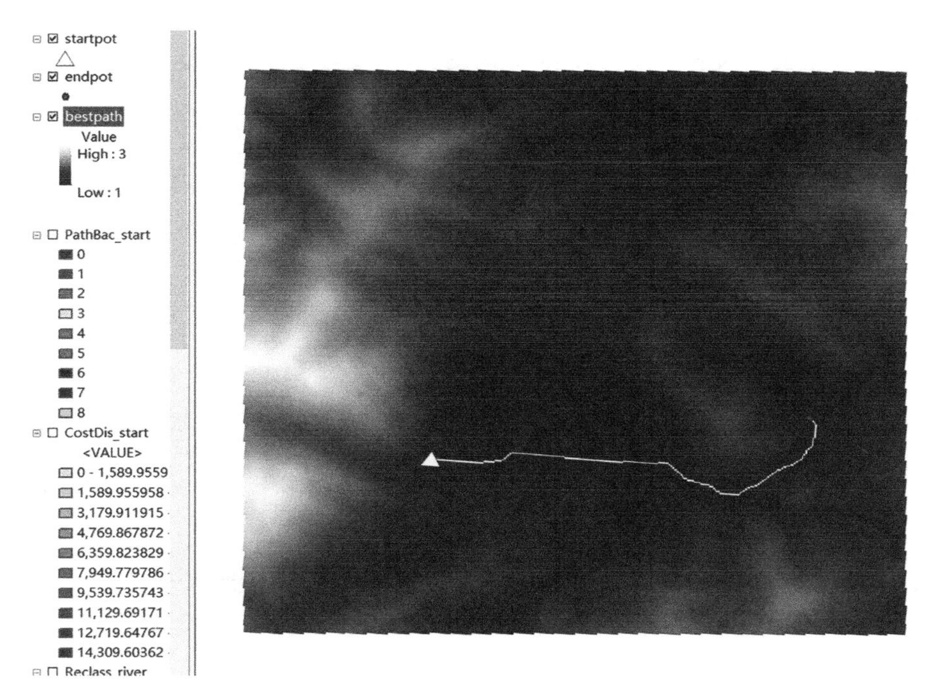

图 6-20　最优路径图

第七章　可视性分析

目的：景观视线分析是景观规划的一项主要内容。在以往景观规划过程中视线分析主要凭借主观判断，无法准确得知景观点、区域、路径的可视范围。利用 ArcMap 10.3 可以分析出这些范围，以及景点的可视情况。对于分析景观的可视效果、确定重要节点、规划景观点和路径、布置活动场地等具有重要作用。

基础数据：Z 景区 DEM 数据［Rectangle_#1_ 高程 _Level_17.tif］、Z 景区等高线数据［contour］、Z 景区观景点数据［point］、Z 景区观景面数据［mian］、Z 景区观景线数据［road］，以上文件位置为（F:\LA_GIS\chapter 07）。

任务：本课案例以 Z 景区部分山体为例，结合现有景点、步行线及广场等进行观景点的视线分析、观景面的视线分析与观景线的视线分析，综合评价其现有景观价值。

第一节　基于简单的视线分析

➢ 步骤 1：运行 ArcMap 并加载数据

如果 Spatial Analyst 模块未能激活，单击自定义【Customize】/ 扩展模块【Extensions】，勾选 Spatial Analyst，点击【Close】（图 7-1）。加载（F:\LA_GIS\chapter 07）文件夹中的［contour］、［Rectangle_#1_ 高程 _Level_17.tif］数据。

➢ 步骤 2：启动【3D Analyst】工具条。

在任意工具条上右击，在弹出菜单中选择【3D Analyst】，显示【3D Analyst】工具条。在【Layer】栏选择［Rectangle_#1_ 高程 _Level_17.tif］。意味着对该图层进行三维分析。

➢ 步骤 3：绘制视线

在【3D Analyst】工具条上，点击创建通视线【Create Line of Sight】，显示通视分析【Line Of Sight】对话框（图 7-2）。设置观察点偏移【Observer offset】为［1.5］，意味着将观察点从地表面抬高 1.5m，是成年人眼睛的高度。在图上拉一条视线，红色部分是不可见区域，绿色部分是可见区域，如图 7-3 所示。

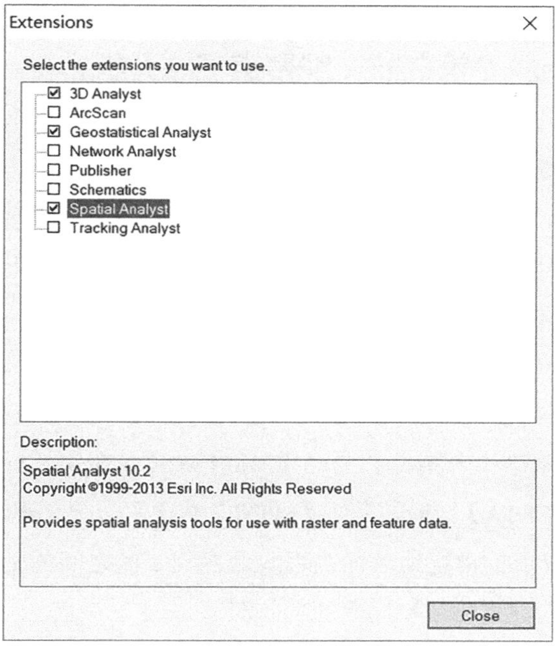

Extensions

Select the extensions you want to use.

- ☑ 3D Analyst
- ☐ ArcScan
- ☑ Geostatistical Analyst
- ☐ Network Analyst
- ☐ Publisher
- ☐ Schematics
- ☑ Spatial Analyst
- ☐ Tracking Analyst

Description:

Spatial Analyst 10.2
Copyright ©1999-2013 Esri Inc. All Rights Reserved

Provides spatial analysis tools for use with raster and feature data.

Close

图 7-1　【Extensions】对话框

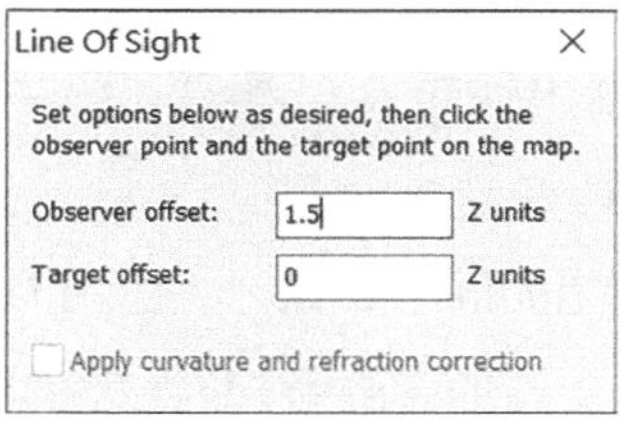

Line Of Sight

Set options below as desired, then click the observer point and the target point on the map.

Observer offset: 1.5 Z units

Target offset: 0 Z units

☐ Apply curvature and refraction correction

图 7-2　【Line Of Sight】对话框

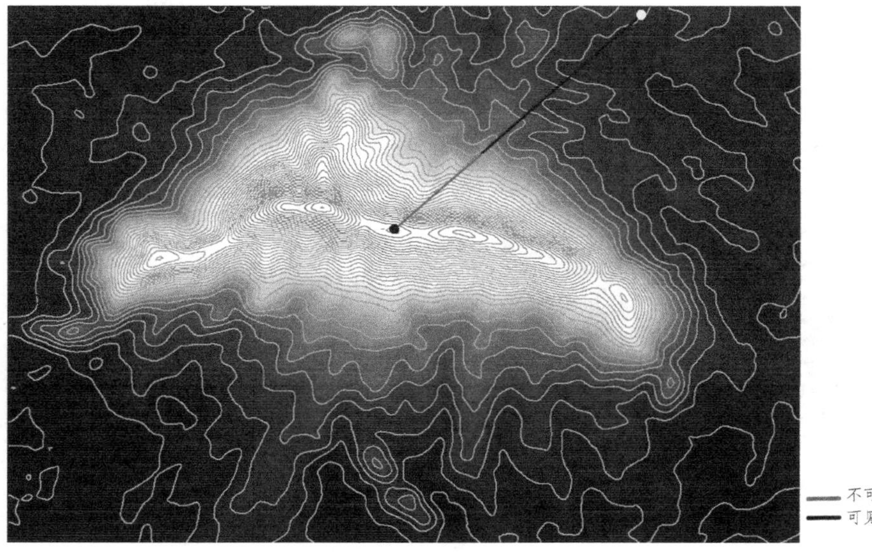

图 7-3　绘制通视线

第二节　观景点视域分析

➢ 步骤 1：设置观景点高度位置参数

景观设计时，需要分析不同观景点分别可视哪些景观，从而找出最佳观景点，而 ArcGIS 中的视点分析就可以识别从各栅格表面位置进行观察时可见的观察点。

加载（F:\LA_GIS\chapter 07）文件夹中的［point］图层，在内容列表中选择［point］数据，右击【Open Attributetable】打开属性表，可查看每个点的属性。点击属性表左上角第一个图标，选择【Add Field】，在属性表中增加双精度的【SPOT】和【OFFSETA】字段，其中【SPOT】字段用于定义观测点的表面高程，【OFFSETA】字段用于指定地表面高程与观测点 z 值之间的垂直距离（如人眼和地面的高差、人在建筑中和地面的高差等）。

接下来要给［point］字段中的各个观测点的【SPOT】赋值，由于只有在编辑状态下才可以进行赋值，因此首先要进入开始编辑状态。在工具栏任意位置右击，选择【Editor】，调出编辑器工具栏（图 7-4）。点击【Start Editing】，选择［point］图层。在工具栏点击识别工具，查看每个观察点地面标高（图 7-5）。在内容列表右击［point］图层，点击【Open Attribute Table】，打开［point］属性表，手动为每个点的【SPOT】字段赋值。【OFFSETA】字段的赋值如图 7-6 所示。赋值完成后点击停止编辑，保存编辑内容。

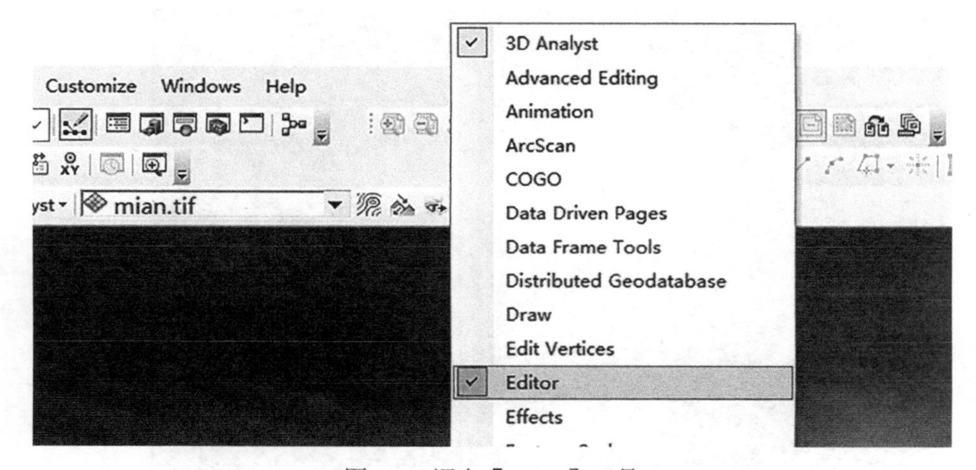

图 7-4　调出【Editor】工具

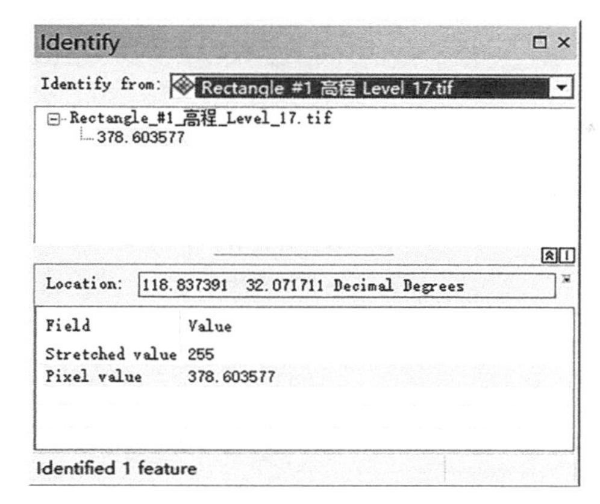

图 7-5　【Identify】识别工具对话框

	FID	Shape *	Name	Adress	Category	OFFSETA	SPOT
▸	0	Point	紫金山顶	江苏省南京市玄武区钟山风景名胜区紫金山顶	旅游景点:其他	1.5	378.603577
	1	Point	山顶公园	江苏省南京市玄武区中山门外石象路7号钟山风景名	旅游景点:公园	1.5	377.335693
	2	Point	翠竹音乐台	江苏省南京市玄武区石象路7号钟山风景名胜区头陀	旅游景点:风景	2	116.448547
	3	Point	明楼	江苏省南京市玄武区石象路7号中山陵园风景区明孝	旅游景点:风景	4.5	77.035973
	4	Point	钟山风景区-	明孝陵景区	旅游景点:景点	2.5	72.766739

图 7-6　赋值后的［spot］图层的属性表

➢ 步骤 2：视点分析

在【catalog】面板中选择【Toolboxes】/【Syestem Toolboxes】/【3D Analyst Tools】/【Visibility】/【Observer Points】进行视点视域分析（图 7-7）。加载地表面图层和观察点要素［point］，保存在（F:\LA_GIS\chapter 07）文件夹中命名为［shidian］，点击【OK】（图 7-8）。生成视点的视域分析图，如图 7-9 所示。

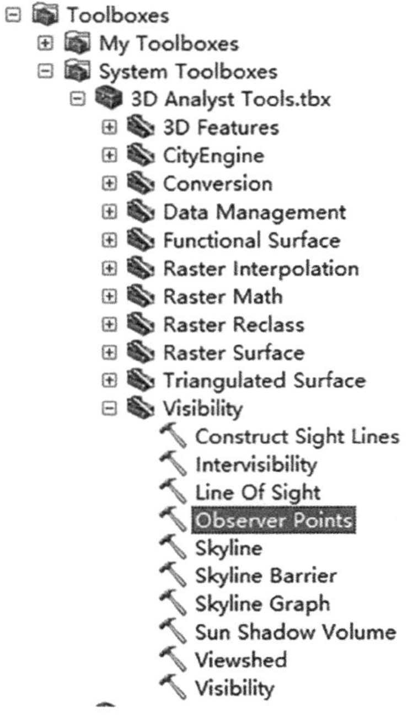

图 7-7　【Observer points】工具

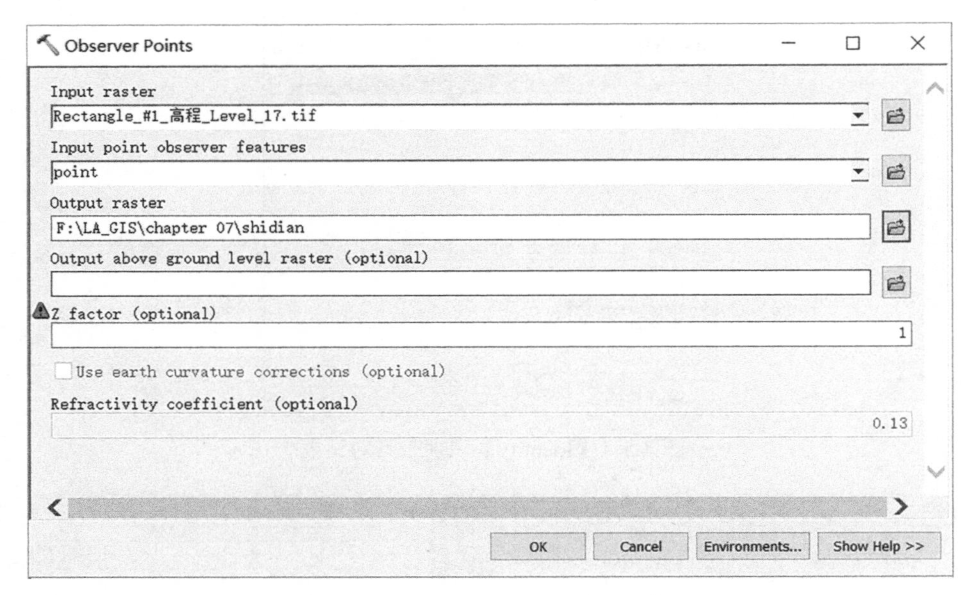

图 7-8　【Observer Points】对话框

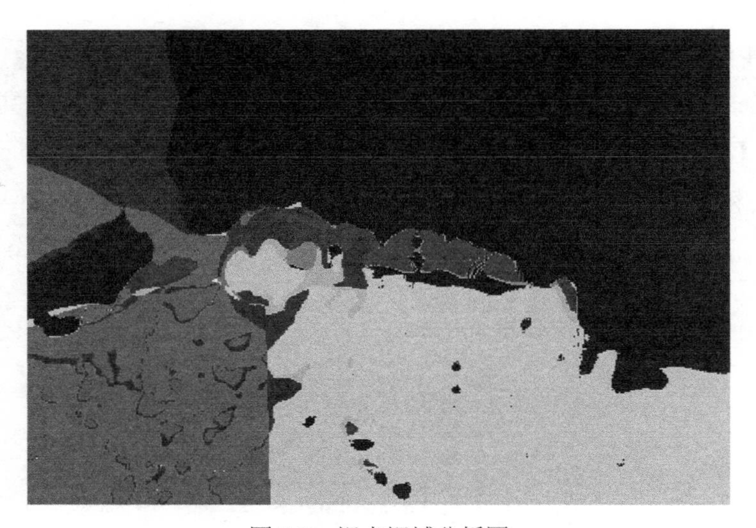

图 7-9　视点视域分析图

加载[shidian]图层，在内容列表中右击图层，选择【Open Attribute Table】，打开［shidian］图层的属性表，其中【OBS1】、【OBS2】、【OBS3】、【OBS4】、【OBS5】字段分别是对应的五个观察点的视域，其值为【1】代表栅格点可视，【0】代表栅格点不可视（图 7-10）。例如【Value】值为 11 的区域，其【OBS1】、【OBS2】、【OBS4】字段均为 1，因此可被 1、2、4 号观察点同时看到。

视点分析工具会存储关于哪些观测点能够看到每个栅格像元的二进制编码信息。此信息存储在【Value】项中。要显示只能通过特定视点看到的所有栅格区域，可以按住键盘【ctrl】的同时，选择某个视点等于 1 而其他所有视点等于 0 的行。只能通过该视点看到的栅格区域将在地图上高亮显示，以 1 号观察点及 2 号观察点为例，所能看到的视域如图 7-11、图 7-12 所示。

OID	Value	Count	OBS1	OBS2	OBS3	OBS4	OBS5
0	0	71279	0	0	0	0	0
1	1	41468	1	0	0	0	0
2	2	11957	0	1	0	0	0
3	3	9732	1	1	0	0	0
4	8	575	0	0	0	1	0
5	9	1434	1	0	0	1	0
6	10	1	0	1	0	1	0
7	11	1611	1	1	0	1	0
8	16	78	0	0	0	0	1
9	17	141	1	0	0	0	1
10	19	20	1	1	0	0	1
11	24	3434	0	0	0	1	1
12	25	3421	1	0	0	1	1
13	26	7	0	1	0	1	1
14	27	16122	1	1	0	1	1

图 7-10 ［shidian］属性表

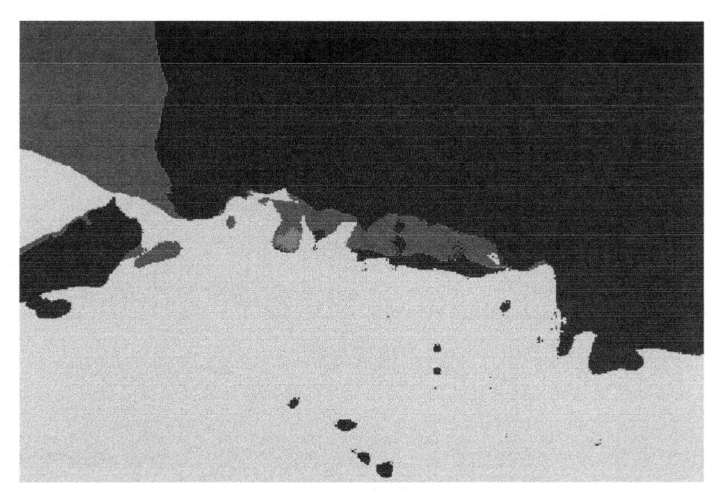

图 7-11 1 号观察点的视域

图 7-12 2 号观察点的视域

另外，也可以对［shidian］图层进行【唯一值】符号化，以查看单一观察点的视域范围。在内容列表中右击［shidian］图层，点击【Layer Properties】，打开属性对话框，点击【Symbology】（图 7-13）。在【Value Field】选择对应的观察点字段即可。

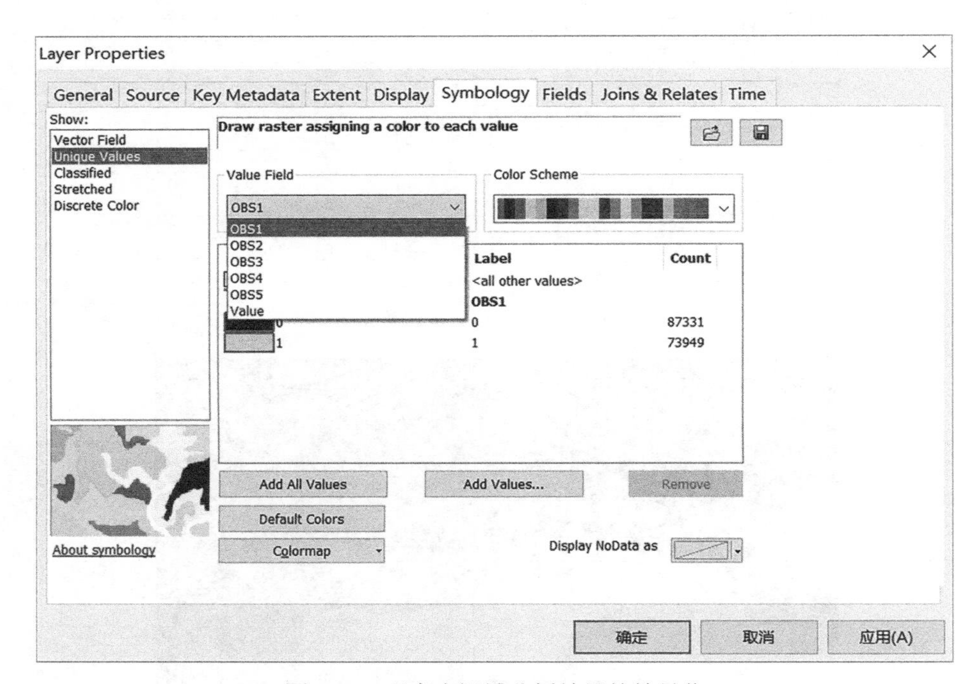

图 7-13　观察点视域分析结果的符号化

第三节　观景面视域分析

➢ 步骤 1：设置观景面高度位置参数

加载［mian］图层，查看［mian］图层，这是音乐台内 5m×5 m 等阵，将代表音乐台的视点（图 7-14）。在内容列表中右击图层，选择【Open Attribute Table】

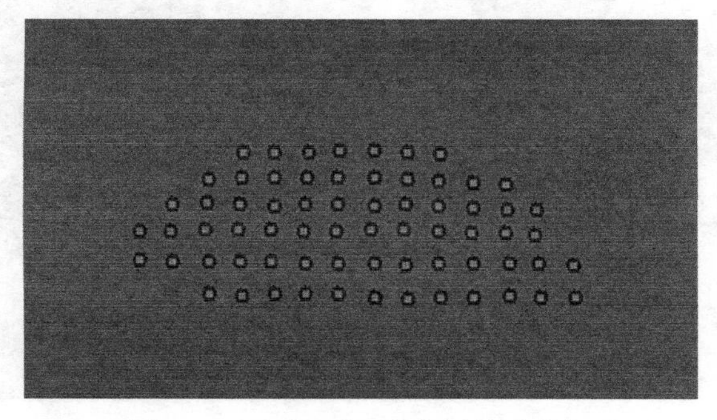

图 7-14　观景面视域分析基础数据

打开［mian］图层的属性表，同样新建双精度的【OFFSETA】字段。其【OFFSETA】属性值均为1.5，将鼠标移到【OFFSETA】字段上，右击选择【Field Calculator】属性字段计算器进行统一赋值（图7-15）。没有【SPOT】属性，即仅将视点抬高1.5m。赋值后的属性表如图7-16所示。

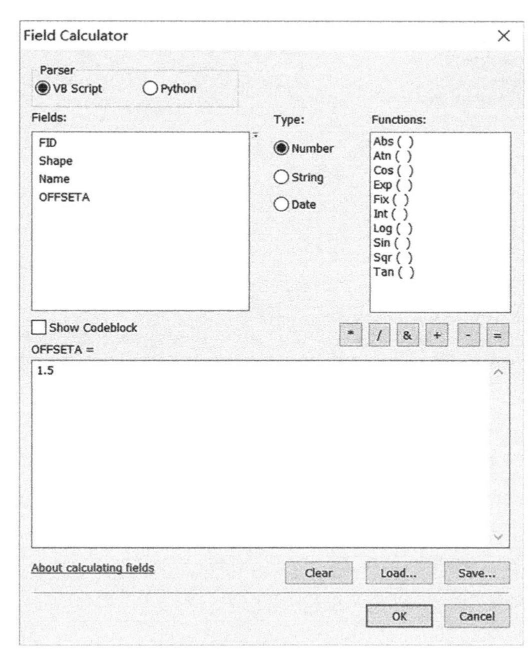

图7-15　【Field calculator】对话框

Table

mian

FID	Shape *	Name	OFFSETA
0	Point	Point#1	1.5
1	Point	Point#2	1.5
2	Point	Point#3	1.5
3	Point	Point#4	1.5
4	Point	Point#5	1.5
5	Point	Point#6	1.5
6	Point	Point#7	1.5
7	Point	Point#8	1.5
8	Point	Point#9	1.5
9	Point	Point#10	1.5
10	Point	Point#11	1.5
11	Point	Point#12	1.5
12	Point	Point#13	1.5
13	Point	Point#14	1.5
14	Point	Point#15	1.5
15	Point	Point#16	1.5
16	Point	Point#17	1.5
17	Point	Point#18	1.5
18	Point	Point#19	1.5
19	Point	Point#20	1.5
20	Point	Point#21	1.5
21	Point	Point#22	1.5
22	Point	Point#23	1.5
23	Point	Point#24	1.5
24	Point	Point#25	1.5
25	Point	Point#26	1.5
26	Point	Point#27	1.5
27	Point	Point#28	1.5
28	Point	Point#29	1.5
29	Point	Point#30	1.5
30	Point	Point#31	1.5
31	Point	Point#32	1.5
32	Point	Point#33	1.5
33	Point	Point#34	1.5
34	Point	Point#35	1.5
35	Point	Point#36	1.5

图7-16　［mian］属性表

➢ 步骤2：观景面视域分析

在【Catalog】面板中选择【Toolboxes】/【Syestem Toolboxes】/【3D Analyst Tools】/【Visibility】/【Viewshed】进行观测面的视域分析（图7-17）。在【Input raster】加载地表面图层［Rectangle_#1_高程_Level_17.tif］，在【Input point or polygon observer feature】中加载音乐台视点要素［mian］，保存在（F:\LA_GIS\chapter 07）文件夹中，命名为［gcmian］，点击【OK】（图7-18）。生成的［gcmian］图层，深色部分为不可见，浅色部分为可见，如图7-19所示。

在此基础上，对［gcmian］图层作基于【Value】字段的【唯一值】符号化，步骤同第二节图7-13所示操作（图7-20）。生成观测面视域分析结果，如图7-21所示。此栅格图像的【value】值是栅格点被看到的视点数目，例如值为67栅格点代表它能被67视点看到。由于［mian］有67个视点，因此这些区域是最容易被看到的区域，即图所示的浅色区域。黑色区域代表栅格值为【0】，是不可见区域。

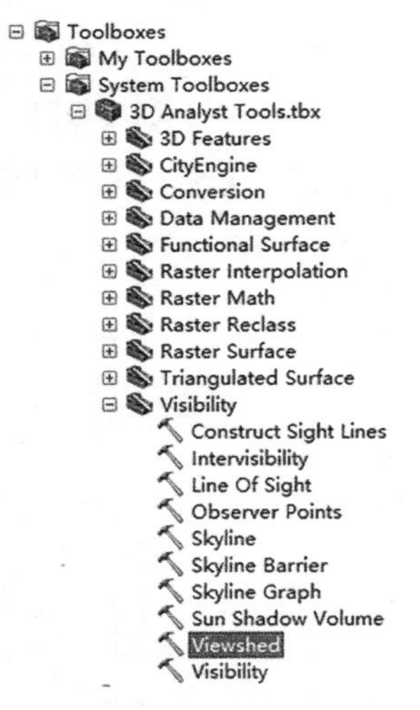

图 7-17　【Viewshed】工具

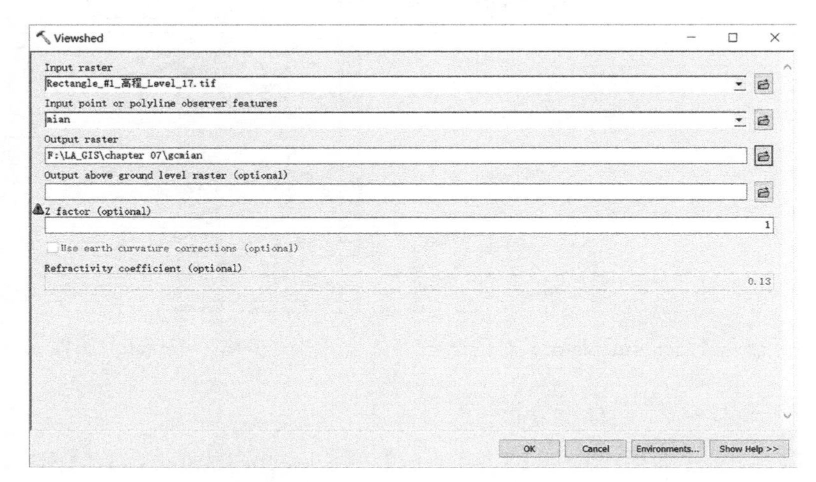

图 7-18　【Viewshed】对话框

图 7-19　观察面视域分析图

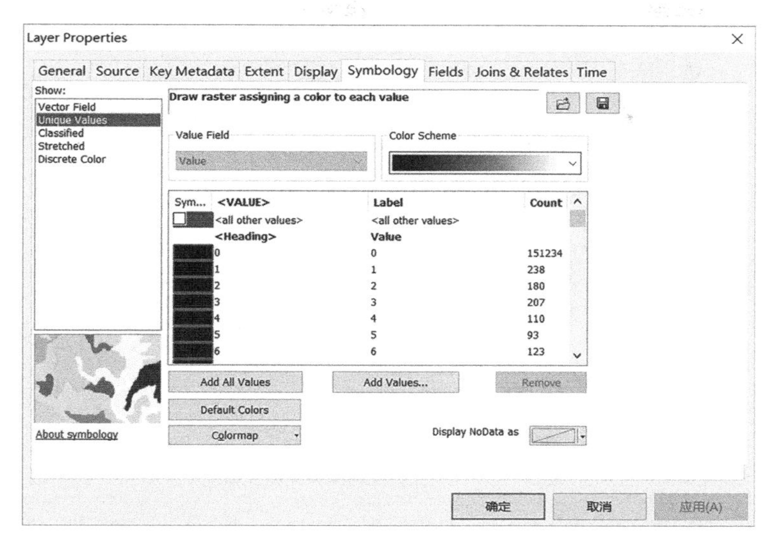

图 7-20　观察面视域分析结果的符号化

图 7-21　观察面视域分析结果

第四节　观景线路视域分析

➢ 步骤 1：设置观景线路高度位置参数

加载［road］图层，查看［road］图层，是一条登山步行道。在内容列表中右击图层，选择【Open Attribute Table】打开［road］图层的属性表，同样新建双精度的【OFFSETA】字段。其【OFFSETA】属性值均为 1.5，将鼠标移到【OFFSETA】字段上，右击选择【Field Calculator】属性字段计算器进行统一赋值。没有【SPOT】属性，即仅将视点抬高 1.5m。赋值后的属性表如图 7-22 所示。

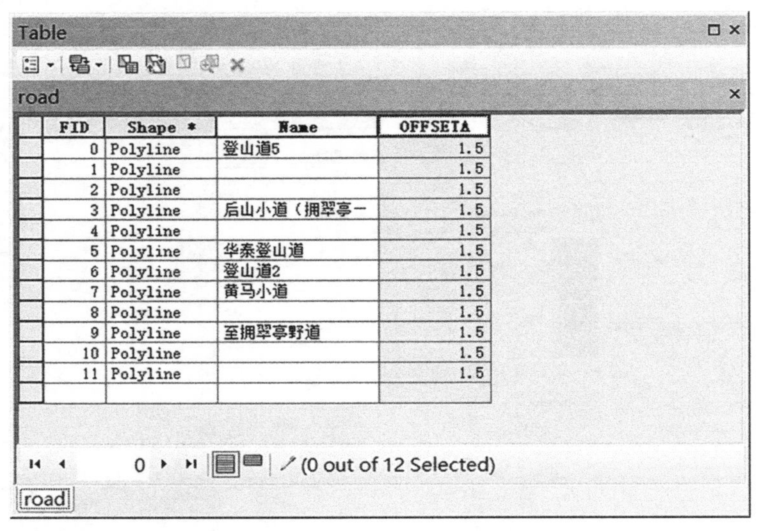

FID	Shape *	Name	OFFSETA
0	Polyline	登山道5	1.5
1	Polyline		1.5
2	Polyline		1.5
3	Polyline	后山小道（拥翠亭一	1.5
4	Polyline		1.5
5	Polyline	华泰登山道	1.5
6	Polyline	登山道2	1.5
7	Polyline	黄马小道	1.5
8	Polyline		1.5
9	Polyline	至拥翠亭野道	1.5
10	Polyline		1.5
11	Polyline		1.5

图 7-22 ［road］属性表

在【Catalog】面板中选择【Toolboxes】/【System Toolboxes】/【Editing Tools】/【Density】（图 7-23）。双击启动该工具，在【Input Feature】中加载［road］图层，【Distance】设为【5】【miles】，意味着每隔 5m 增加一个折点，设置如图 7-24 所示。（注：【视域】分析工具将多义线上的折点作为视点，对多义线增密后，沿线的视点将均匀分布。）

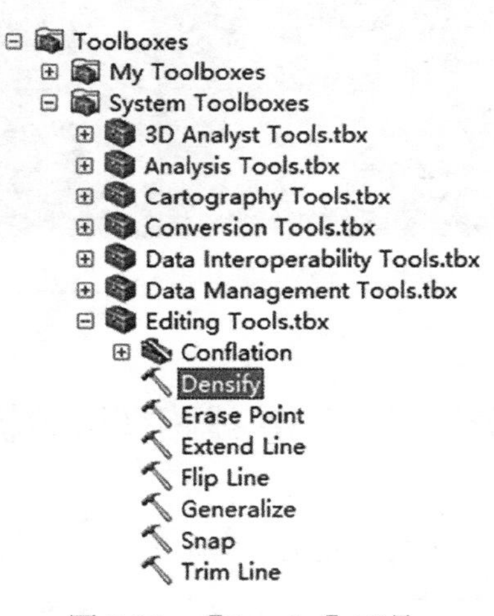

图 7-23 【Density】工具

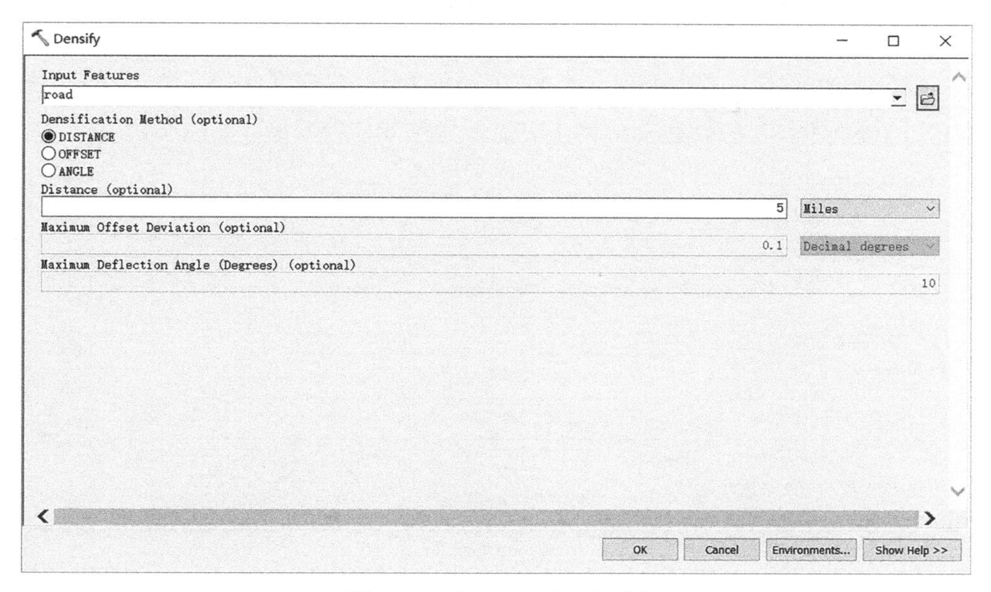

图 7-24 【Density】对话框

➢ 步骤 2：观景线视线分析

在【Catalog】面板中选择【Toolboxes】/【System Toolboxes】/【3D Analyst Tools】/【Visibility】/【Viewshed】，进行观景线的视域分析（图 7-25）。在【Input raster】加载地表面图层［Rectangle_#1_ 高程 _Level_17.tif］，在【Input

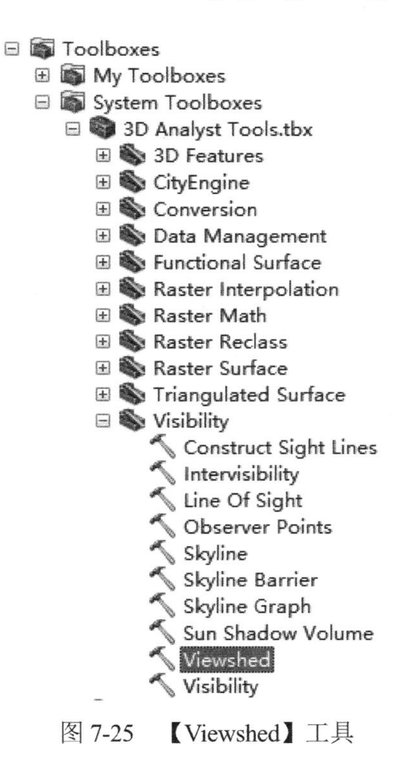

图 7-25 【Viewshed】工具

point or polygon observer feature】中加载登山步行道要素［road］，保存在（F:\LA_GIS\chapter 07）文件夹中，命名为［xianlu］，点击【OK】（图 7-26）。生成的［xianlu］图层，深色部分为不可见，浅色部分为可见，如图 7-27 所示。

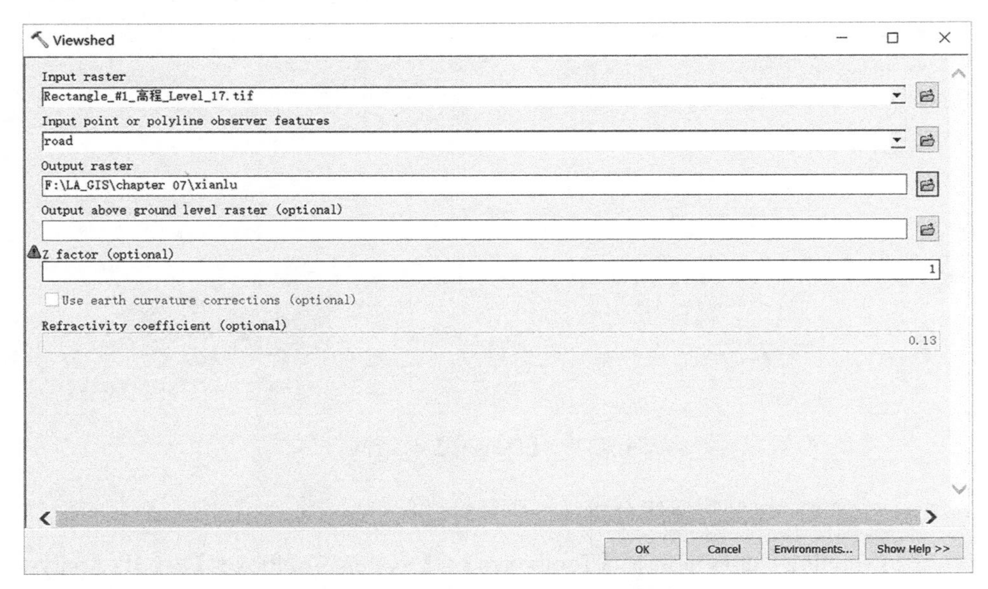

图 7-26　【Viewshed】对话框

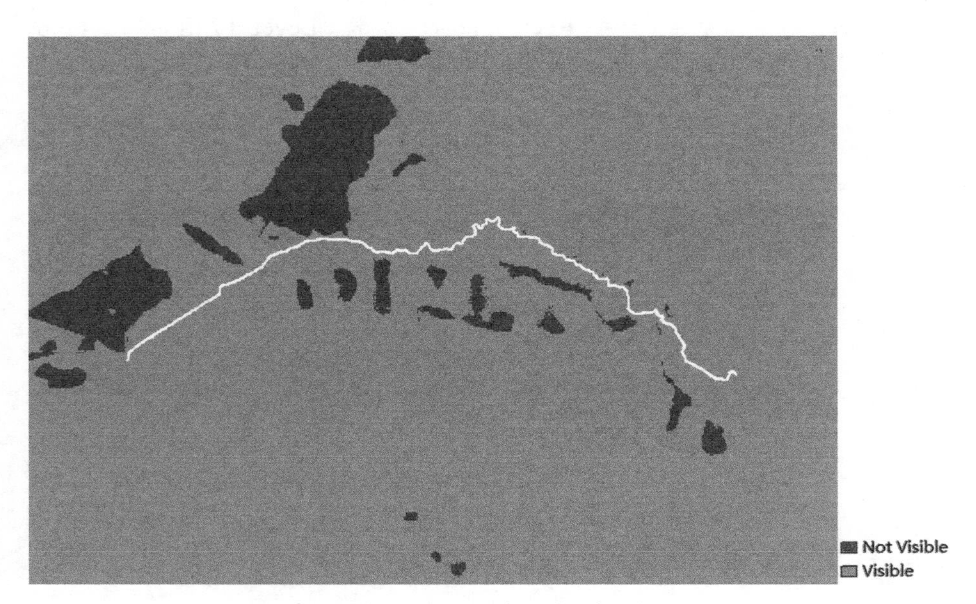

图 7-27　观景线视域分析图

在此基础上，对［xianlu］图层作基于【Value】字段的【唯一值】符号化（图 7-28）。观景线视域分析结果如图 7-29 所示，颜色越浅的区域代表越容易被看到的区域，黑色部分为不可见区域。

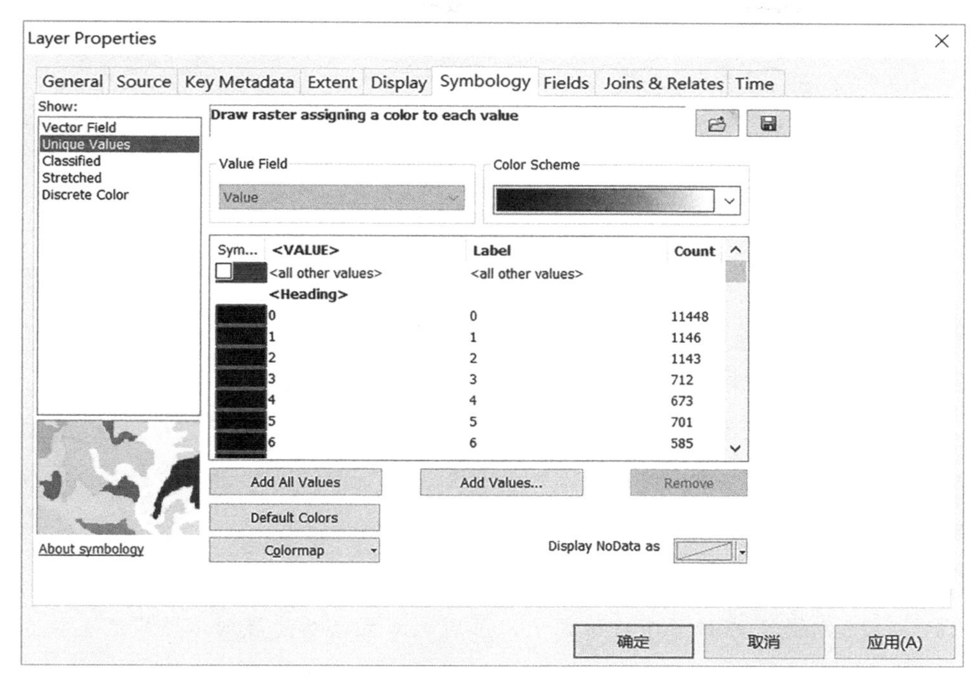

图 7-28　观景线视域分析结果的符号化

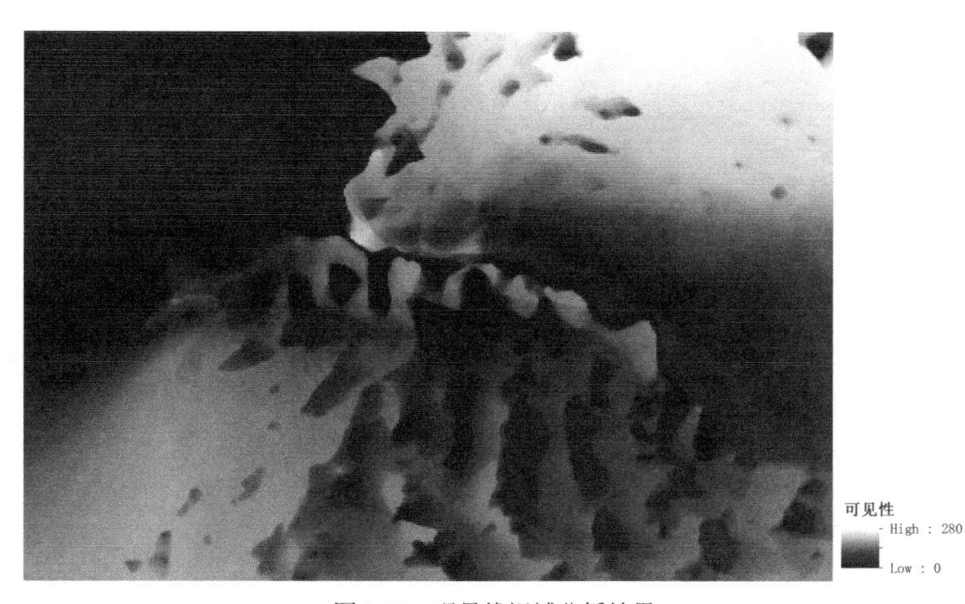

图 7-29　观景线视域分析结果

第八章　生态敏感性分析

目的：通过练习，熟悉 ArcMap 10.3 的叠加分析功能，对山体坡度、山体起伏度、植被、农田、生态红线、水域 6 个单因子进行分级评价，经过整合、叠加，创建综合性生态敏感性评价图。

基础数据：W 景区 DEM 数据［DEM］、W 景区农田分布［nongtian_id］、W 景区水体分布［水体斑块］、W 景区植被指数［ndvi］、W 景区生态红线［生态红线 _id］，以上文件位置为（F:\LA_GIS\chapter 08）。

任务：本章以 W 景区为案例，综合叠加山体坡度、地形起伏度、植被、农田、生态红线、水域 6 个评价因子，参照国家生态功能区划工作中有关生态敏感性植被体系的分级标准，结合实际，将单因子分为极高敏感、高敏感、中敏感、低敏感、非敏感 5 个等级，叠加得出生态敏感性评价图像。

第一节　生态敏感性单因子评价

根据各项单因子对生态环境的影响强弱，将单因子分为极高敏感区、高敏感区、中敏感区、低敏感区和非敏感区 5 个等级（表 8-1）。实质上是评价每个单因子，同时对数据进行规整（格式与坐标统一）。由于叠加分析是基于栅格数据进行的，对土地利用现状等单因子进行敏感性评价与分级后，转换为栅格数据。本实操采用 5 分制，值越大，敏感性越高。极敏感 5 分，高敏感 4 分，中敏感 3 分，低敏感 2 分，非敏感 1 分（表 8-2）。

生态敏感性分级表　　表 8-1

类型	定　义
极高生态敏感区	生态价值高的区域，一旦出现破坏干扰，不仅影响正常的开发建设活动，而且有可能会给区域生态系统带来严重的破坏，属于自然生态重点保护地段，该区域严格控制发展
高生态敏感区	对人类活动敏感性较高，生态恢复难，对维持最敏感区的生态功能与气候环境等方面起重要作用，开发时必须慎重考虑
中生态敏感区	能承受一定的人类干扰，但若遭受严重的干扰会引起空气质量下降、植被破坏、噪声等污染，生态恢复慢
低生态敏感区	受人类干扰较小，可承受一般强度的开发建设，生态恢复较快
非生态敏感区	可承受一定的开发建设，土地可做多种用途开发

生态敏感度评价因子评分标准　　表 8-2

生态因子		分类	分级赋值	生态敏感性等级
地形	坡度	＞ 46.6%	5	极高敏感性
		26.8% ～ 46.6%	4	高敏感性
		17.6% ～ 26.8%	3	中敏感性
		8.7% ～ 17.6%	2	低敏感性
		0 ～ 8.7%	1	非敏感性
	地形起伏度	＞ 90m	5	极高敏感性
		60 ～ 90m	4	高敏感性
		30 ～ 60m	3	中敏感性
		15 ～ 30m	2	低敏感性
		＜ 15m	1	非敏感性
植被		林地（NDVI ≥ 0.3）	5	极高敏感性
		林地（0.2 ≤ NDVI ≤ 0.3）	4	高敏感性
		林地（0.1 ≤ NDVI ≤ 0.2）	3	中敏感性
		林地（NDVI ≤ 0.1）	2	中敏感性
农田		基本农田	5	极高敏感性
生态红线		生态红线	5	极高敏感性
水体		缓冲区 200m	3	中敏感性

➢ 步骤 1：运行 ArcMap 并加载数据

如果 Spatial Analyst 模块未能激活，单击自定义【Customize】/ 扩展模块【Extensions】，勾选 Spatial Analyst，点击【Close】（图 8-1）。加载（F:\LA_GIS\chapter 08）文件夹中的文件夹中的［生态红线 _id］、［nongtian_id］、［水体斑块］、［dem］、［ndvi］数据。

➢ 步骤 2：坡度因子

坡度越大的区域，受到人为活动的影响相对较小，往往保持较高的植被覆盖，是动植物的良好栖息地。此外，坡度越大，潜在的地质灾害威胁也越大，生态问题较为明显，生态环境也较为敏感。因此，对坡度单因子的生态敏感性评价的具体步骤是，利用数字高程模型数据计算坡度，按照表 8-2 中的坡度敏感性分级标准，进行重分类，最后得到坡度因子的敏感性评价。

选择【Spatial Analyst Tools】/【Surface】/【Slope】，加载 DEM 数据［dem］图层，保存在（F:\LA_GIS\chapter 08）文件夹中，命名为［Slope_dem］，点击【OK】，生成坡度数据集（图 8-2）。完成操作，生成坡度分析图（图 8-3）。

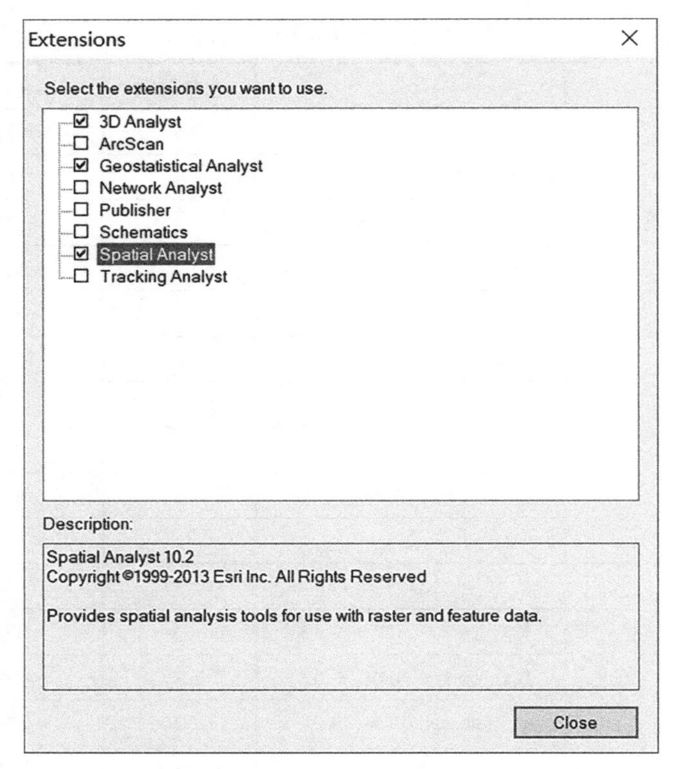

图 8-1　【Extensions】对话框

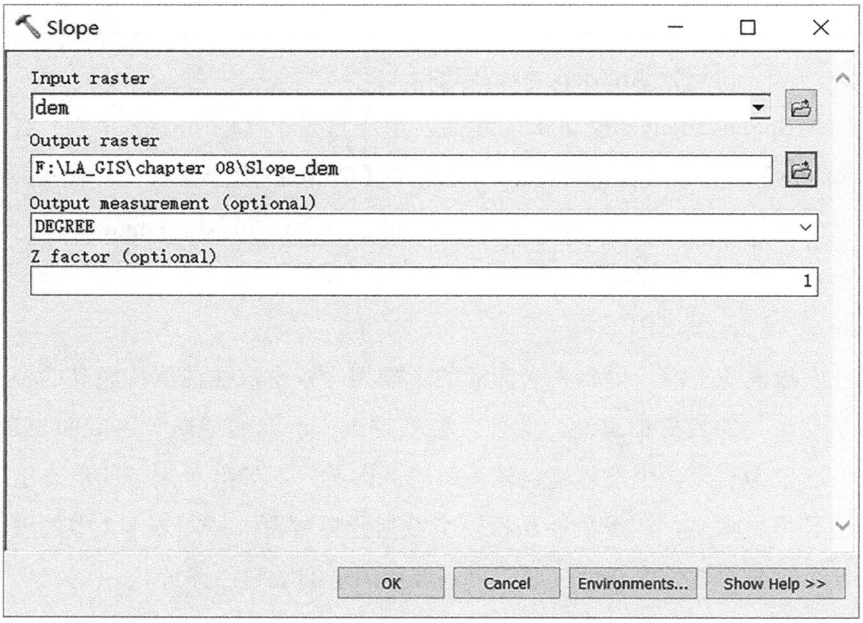

Slope
Input raster
dem
Output raster
F:\LA_GIS\chapter 08\Slope_dem
Output measurement (optional)
DEGREE
Z factor (optional)
1
OK　Cancel　Environments...　Show Help >>

图 8-2　【Slope】对话框

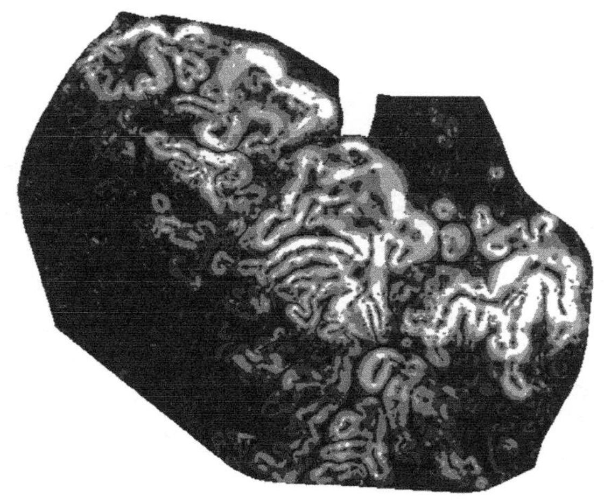

图 8-3　坡度分析图

选择【Spatial Analyst Tools】/【Reclass】/【Reclassify】对坡度进行重分类。加载［Slope_dem］数据层，在【Reclassify】窗口中点击【Classify】，跳出【Classification】对话框。先将【Classes】设置为【4】，再设置【Method】为【Manual】，右侧输入 8.7、17.6、26.8、46.6，点击【OK】（图 8-4）。在【Reclassify】中的【New values】中分别赋值 1、2、3、4，保存在（F:\LA_GIS\chapter 08）文件夹中，命名为［Reclass_slope］，如图 8-5 所示，点击【OK】。生成坡度因子敏感性等级图，如图 8-6 所示。

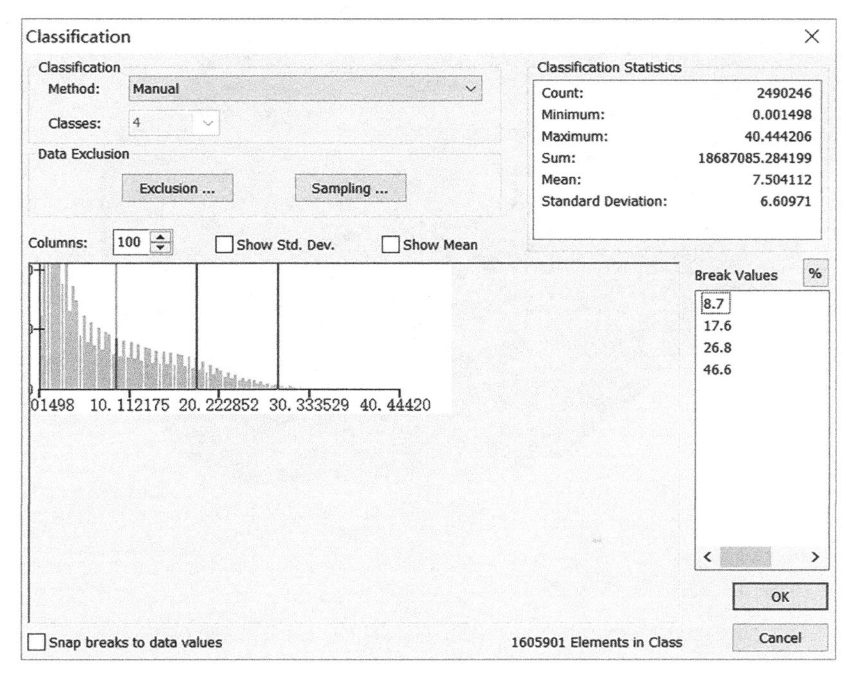

图 8-4　【Classification】对话框

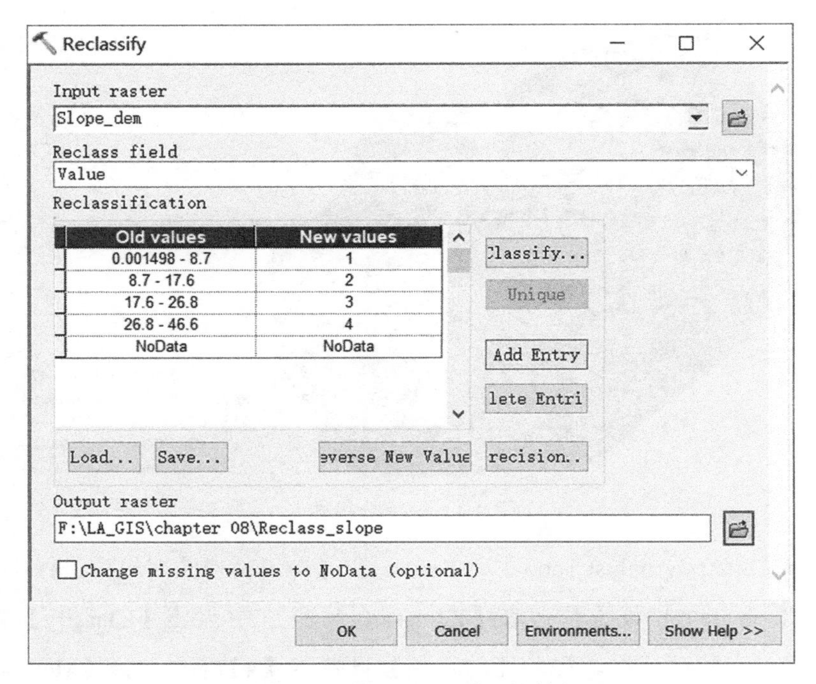

图 8-5 【Reclassify】对话框

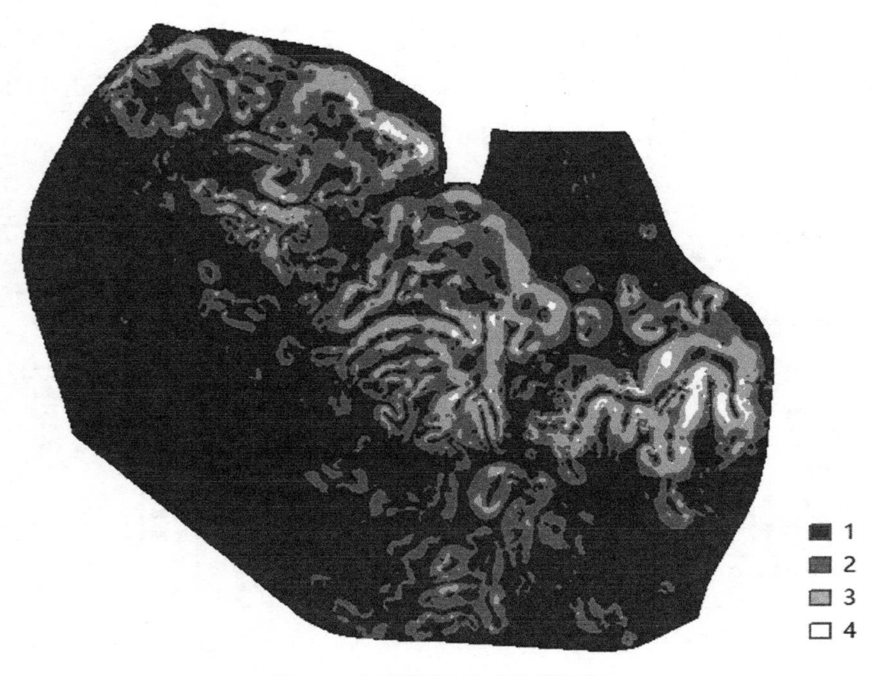

图 8-6 坡度因子敏感性等级图

➢ 步骤 3：地形起伏度因子

地形起伏度是划分地貌类型的一项重要指标。地形起伏对土壤侵蚀、水土流失和地质环境有直接影响，地形起伏度越大，地表高差越大，生态环境问题越严重，生态敏感性越高。因此，根据表 8-2 的划分标准，依次确定敏感性等级。

选择【Spatial Analyst Tools】/【Neighborhood】/【Focal Statistics】，加载［dem］数据层，选择【Neighborhood】为【Circle】，设置【Radius】为 100，【Units】选择【Map】，【Statistice type】为【RANGE】，保存在（F:\LA_GIS\chapter 08）文件夹中，命名为［FocalSt_DEM］，点击【OK】（图 8-7）。生成的地形起伏度如图 8-8 所示。

Focal Statistics
Input raster
dem
Output raster
F:\LA_GIS\chapter 08\FocalSt_DEM
Neighborhood (optional)
Circle
Neighborhood Settings
Radius: 100.000000
Units: Cell Map
Statistics type (optional)
RANGE
OK Cancel Environments... Show Help >>

图 8-7 【Focal Statistics】对话框

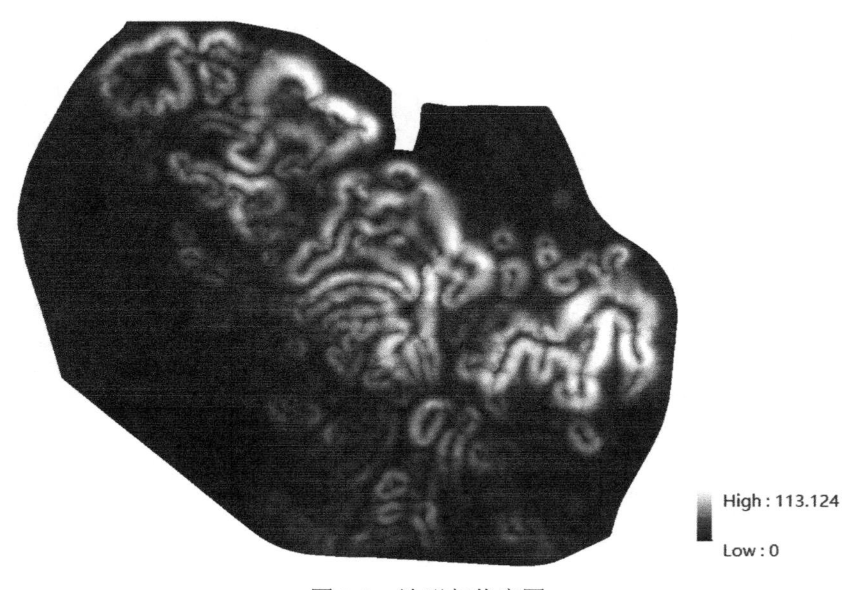

图 8-8 地形起伏度图

选择【Spatial Analyst Tools】/【Reclass】/【Reclassify】进行重分类。加载［FocalSt_DEM］数据层（图 8-9）。点击【Classify】，跳出【Classification】对话框，【Classes】选择 5，右侧只需更改前四个数值，分别赋值为 15、30、60、90，点击【OK】（图 8-10）。在【Reclassify】中的【New values】中分别赋值分别赋值 1、2、3、4、5，存储在（F:\LA_GIS\chapter 08）文件夹中，命名为［Reclass_qfd］，点击【OK】。生成地形起伏度因子敏感性等级图，如图 8-11 所示。

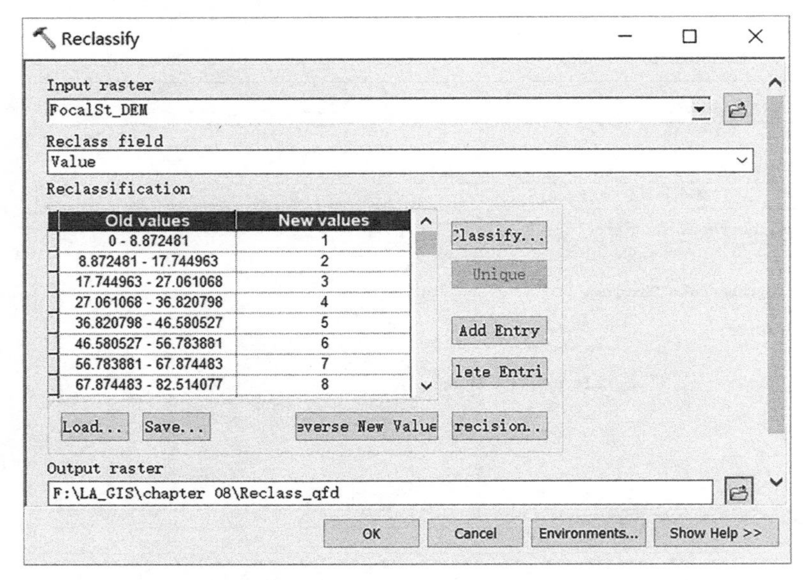

图 8-9　【Reclassify】对话框

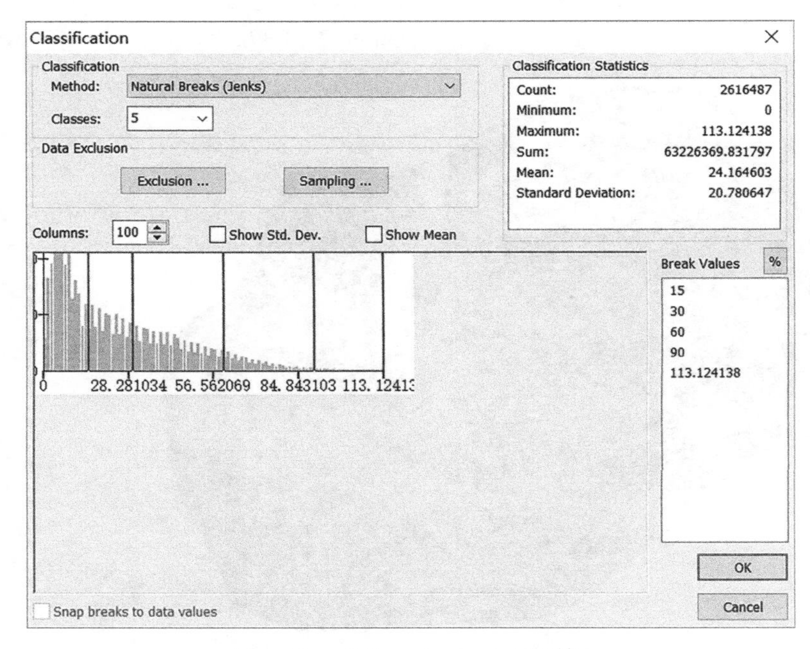

图 8-10　【Classification】对话框

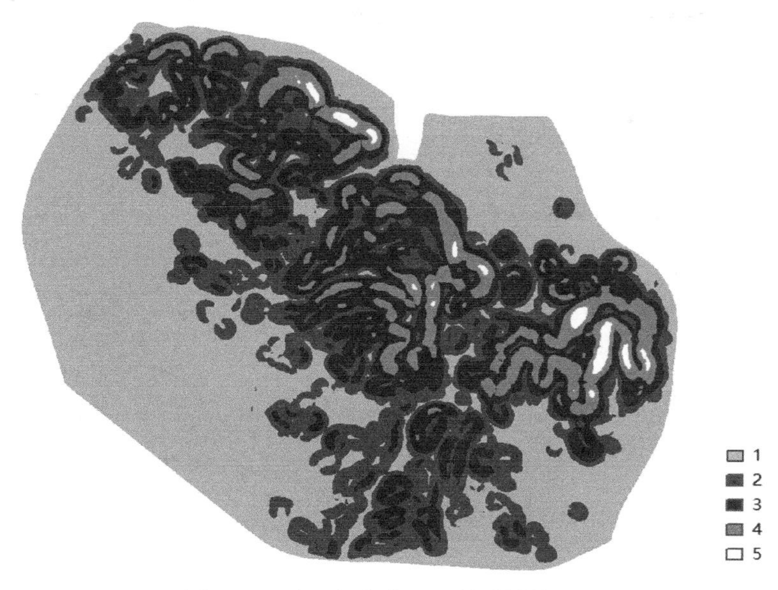

图 8-11　地形起伏度因子敏感性等级图

➢ 步骤 4：植被因子

植被因子是生态环境中最重要、最敏感的自然要素，是保护生态基因库和改善环境的重要因素，起着调节小气候、保护生物多样性、维持良好生态环境的作用。植被种类越丰富，生态敏感性指数越高，根据表 8-2 的分类标准，依次进行生态敏感性等级划分。

选择【Spatial Analyst Tools】/【Reclass】/【Reclassify】进行重分类。加载［ndvi］图层（图 8-12）。点击【Classify】，跳出【Classification】对话框，在【Classes】选择【4】，在【Method】选择【Manual】，右侧输入 0、0.1、0.2、0.3，点击【OK】（图 8-13）。在【Reclassify】中的【New values】中分别赋值 2、2、3、4，存储在（F:\LA_GIS\chapter 08）文件夹中，命名为［Reclass_ndvi］。生成植被因子敏感性等级图，如图 8-14 所示。

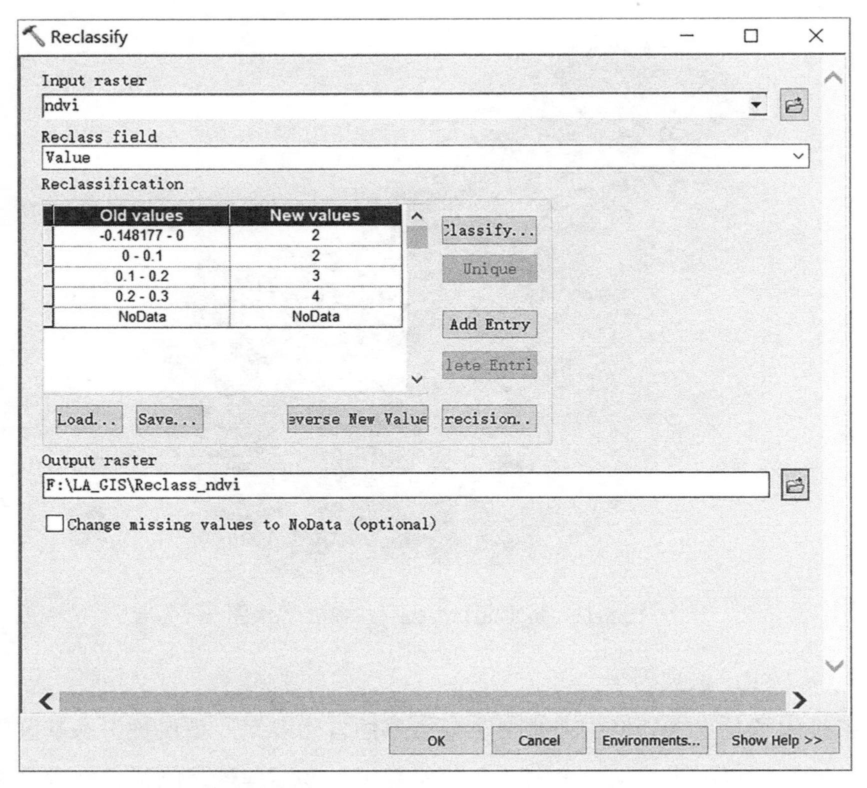

图 8-12　【Reclassify】对话框

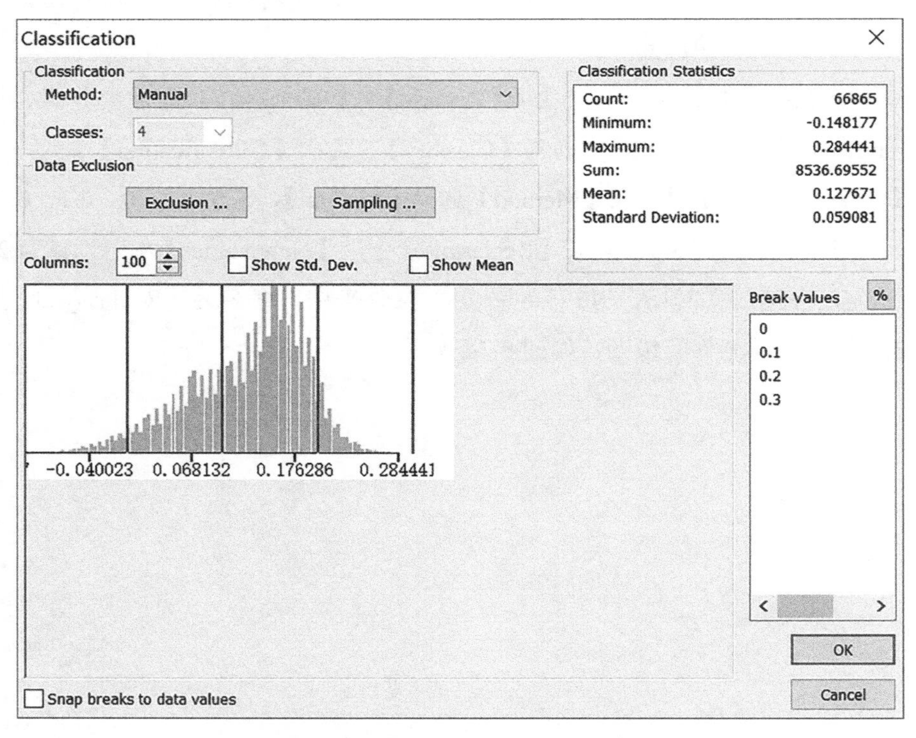

图 8-13　【Classification】对话框

图 8-14　植被因子敏感性等级图

➢ 步骤 5：水域因子

水体是生态系统中的重要组成部分，其周边地方生物多样性价值高，具有良好的生态价值，大小不同的水体也构成了景区内的特色景观，离水体距离越近的区域生态敏感性越高，本实操采用欧式距离分析水体缓冲区。根据表 8-2 的分类标准，对水体进行生态敏感性的划分。

选择【Spatial Analyst Tools】/【Distance】/ 欧式距离【Euclidean Distance】（图 8-15）。加载［水体斑块］图层，像元大小输入与［dem］相同的 5.007554（dem 像元大小可通过在内容列表右击［dem］图层属性 properties/source 中查看），存储在（F:\LA_GIS\chapter 08）文件夹中，命名为［dis_水体］，欧式距离对话框设置如图 8-16 所示。点击【Euclidean Distance】对话框右下角的【Environments】，展开处理范围【Processing Extend】，设置范围为【Same as layer dem】（图 8-17），保证了栅格数据的处理范围与地表面相同。生成的水域缓

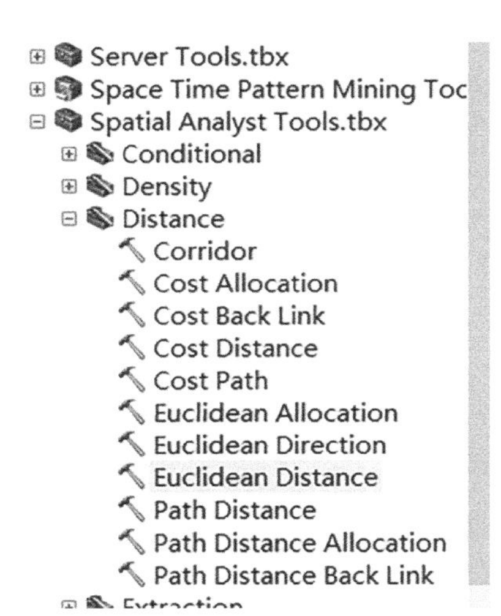

图 8-15　【Euclidean Distance】工具

冲区图如图 8-18 所示。

选择【Spatial Analyst Tools】/【Reclass】/【Reclassify】进行重分类。加载[dis_ 水体] 图层（图 8-19），点击【Classify】，跳出【Classification】对话框，【Classes】选择 6，右侧只需更改前五个数值，分别赋值为 50、100、200、500、1000，点击【OK】(图 8-20)。在【Reclassify】中的【New values】中分别赋值 3、3、3、0、0、0，存储在（F:\LA_GIS\chapter 08）文件夹中，命名为 [Reclass_river]。生成水体因子敏感性等级图，如图 8-21 所示。

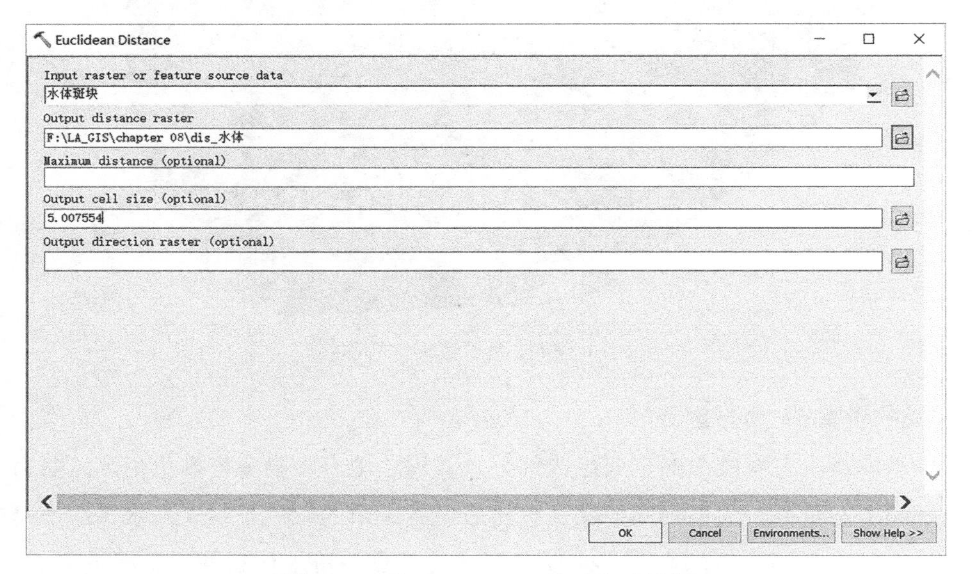

图 8-16 【Euclidean Distance】对话框

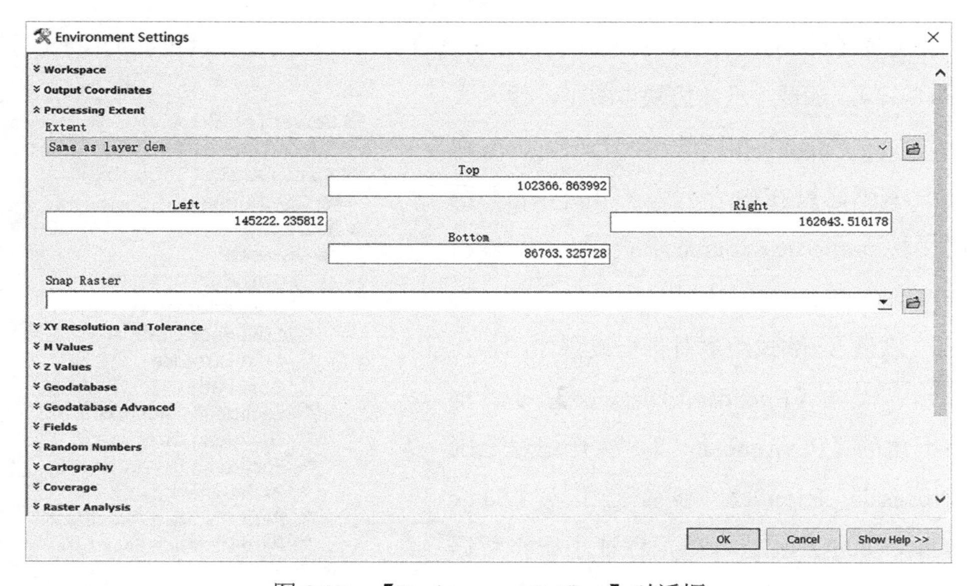

图 8-17 【Environment Settings】对话框

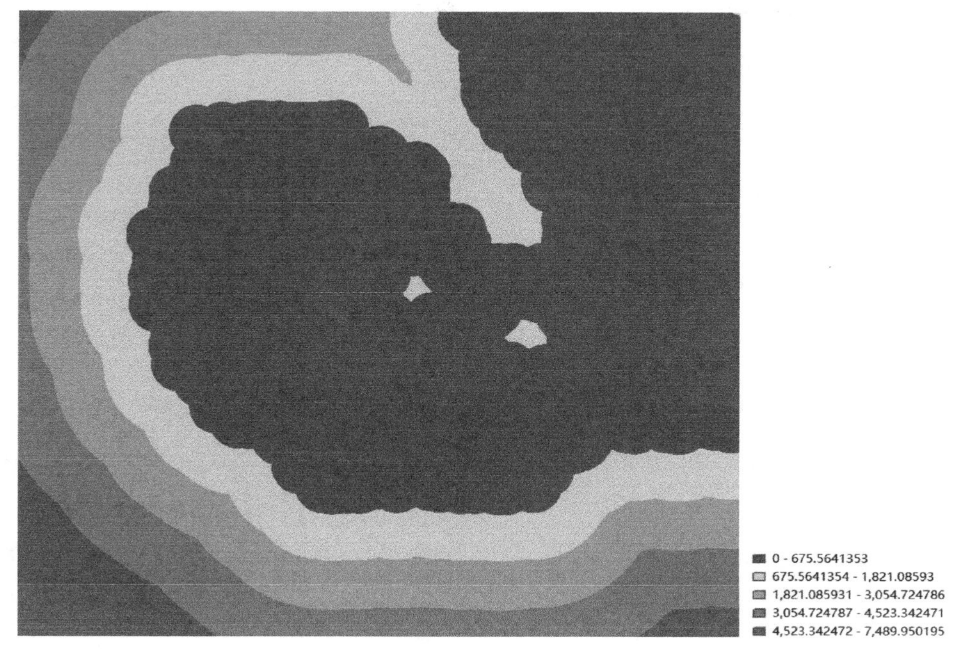

图 8-18　水域缓冲区图

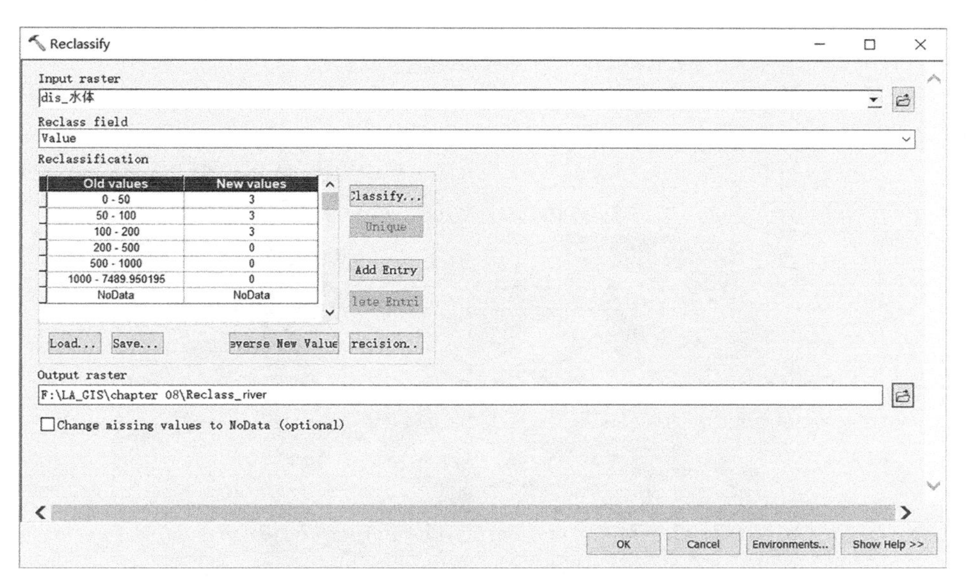

图 8-19　【Reclassify】对话框

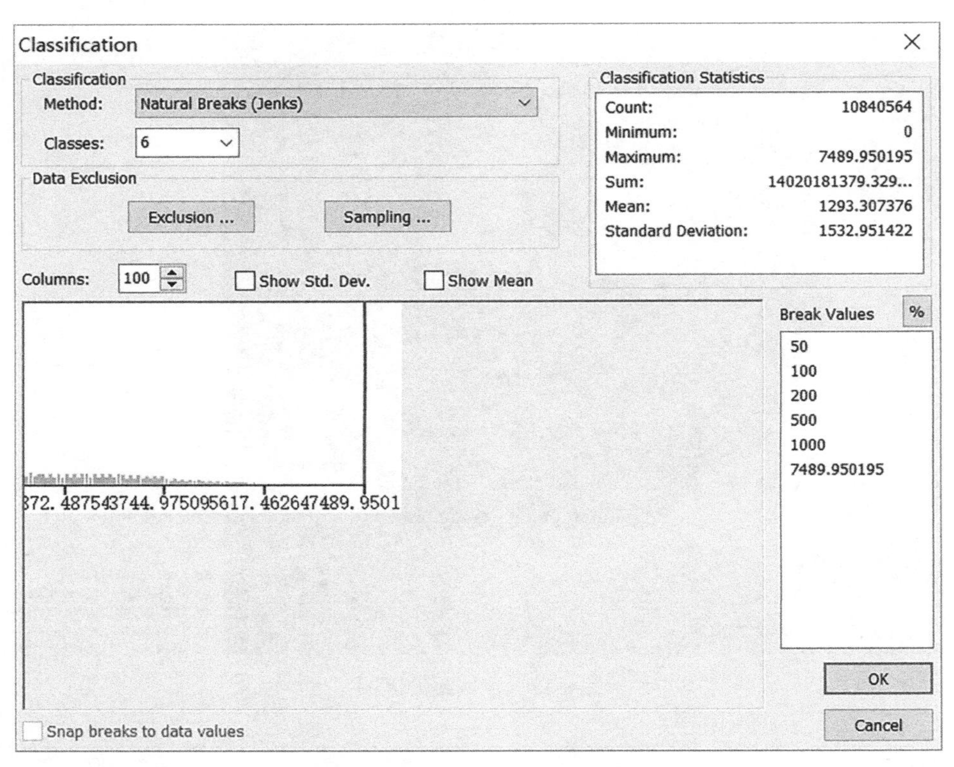

图 8-20　【Classification】对话框

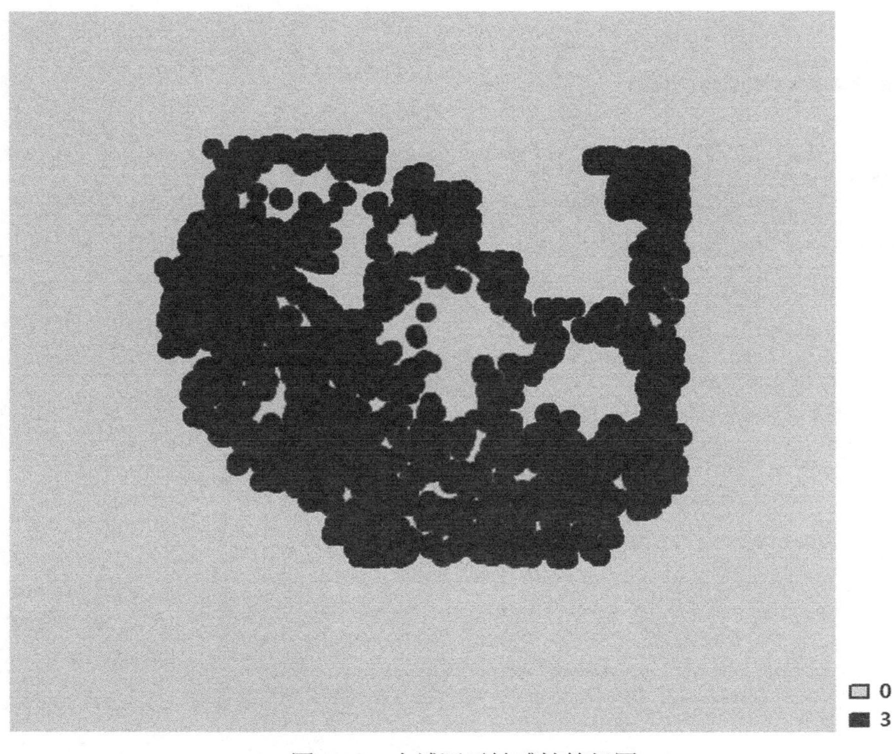

图 8-21　水域因子敏感性等级图

➢ 步骤 6：农田因子

保护耕地是我国的一项基本国策，为了保住我国耕地红线，保障粮食安全，基本农田严禁作为城镇建设用地，因此，基本农田分布区可以划定为禁建区，根据表 8-2，所有的基本农田区域的评价分级都赋值为最高。

在内容列表中右击［nongtian_id］选择【Open Attribute Table】，选择 FID 为 0 的字段（即 W 风景区内除农田外的用地），右击字段【得分】，选择【Field Caculator】，将得分赋值为 0，其余字段（即农田）赋值为 5（图 8-22）。赋值后的属性表如图 8-23 所示。

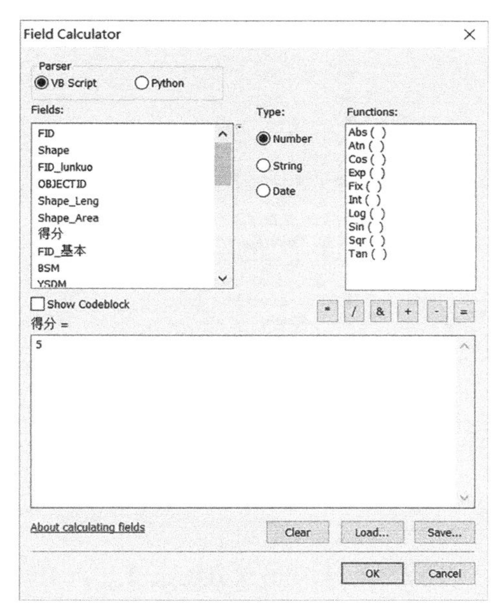

图 8-22　【Field Calculator】对话框

Table

nongtian_id

FID	Shape *	FID_lunkuo	OBJECTID	Shape_Leng	Shape_Area	得分	FID_基本	BS■	YSD■	[illegible]
0	Polygon ZM	0	1	31516.136555	62444255.4733	0	-1	0		
1	Polygon ZM	0	1	31516.136555	62444255.4733	5	8	318	2005010200	32012
2	Polygon ZM	0	1	31516.136555	62444255.4733	5	12	322	2005010200	32012
3	Polygon ZM	0	1	31516.136555	62444255.4733	5	14	324	2005010200	32012
4	Polygon ZM	0	1	31516.136555	62444255.4733	5	16	326	2005010200	32012
5	Polygon ZM	0	1	31516.136555	62444255.4733	5	17	327	2005010200	32012
6	Polygon ZM	0	1	31516.136555	62444255.4733	5	18	328	2005010200	32012
7	Polygon ZM	0	1	31516.136555	62444255.4733	5	19	329	2005010200	32012
8	Polygon ZM	0	1	31516.136555	62444255.4733	5	21	331	2005010200	32012

8　(0 out of 9 Selected)

nongtian_id

图 8-23　［nongtian_id］属性表

选择【Conversion Tools】/【To Raster】/【Polygon to Raster】进行面转栅格（图 8-24）。加载［nongtian_id］图层，在【Value field】选择【得分】，像元大小依旧与 dem 的像元大小相同，即 5.007554，存储在（F:\LA_GIS\chapter 08）文件夹中，命名为［nongtian］，点击【OK】（图 8-25）。生成的农田因子敏感性等级图，如图 8-26 所示。

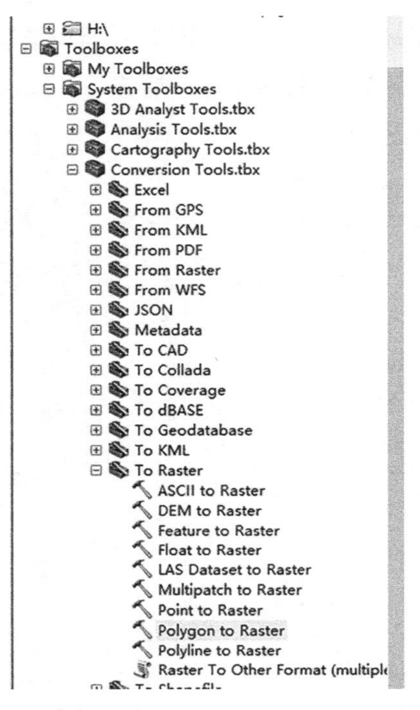

图 8-24　【Polygon to Raster】工具

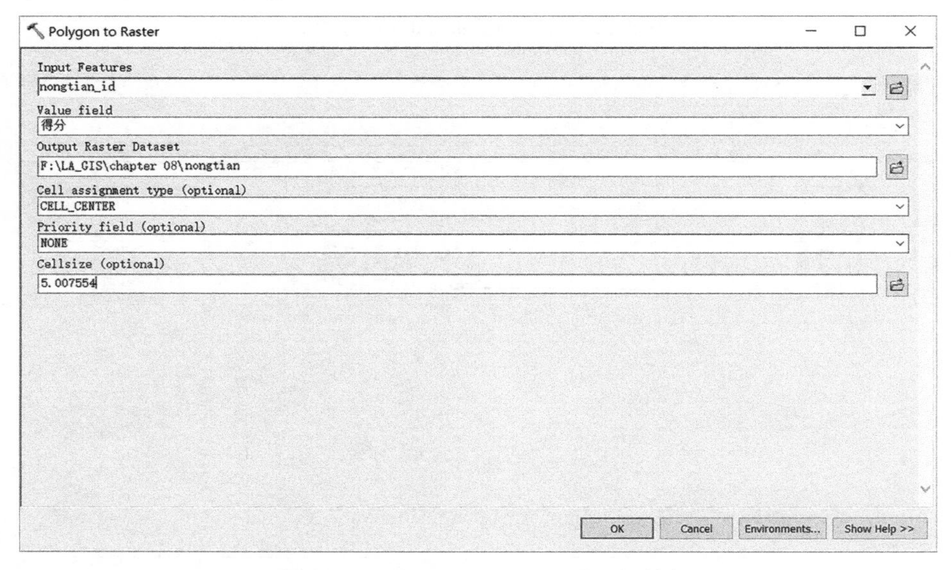

图 8-25　【Polygon to Raster】对话框

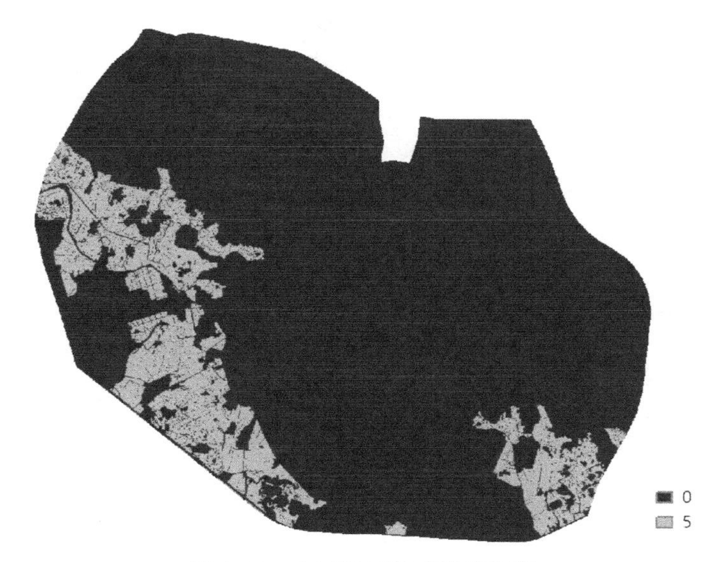

图 8-26　农田因子敏感性等级图

➢ 步骤 7：生态红线因子

在内容列表右击［生态红线 _id］图层，打开［生态红线 _id］属性表，对生态红线内的赋值为 5，生态红线外的赋值为 0。赋值后的属性表如图 8-27 所示。

Table

生态红线_Id

FID	Shape *	FID_lunkuo	OBJECTID	Shape_Leng	Shape_Area	得分	FID_生态	OBJECTID_1	Shape_I
0	Polygon ZM	0	1	31516.136555	62444255.4733	0	-1	0	
1	Polygon ZM	0	1	31516.136555	62444255.4733	5	0	1	39231.

0 (1 out of 2 Selected)

生态红线_Id

图 8-27　［生态红线 _id］属性表

同样对赋值后的［生态红线 _id］图层进行面转栅格操作，【Value field】选择【得分】，像元大小依旧与 dem 的像元大小相同，即 5.007554，存储在（F:\LA_GIS\chapter 08）文件夹中，命名为［sthx］，点击【OK】（图 8-28）。生成生态红线因子敏感性等级图，如图 8-29 所示。

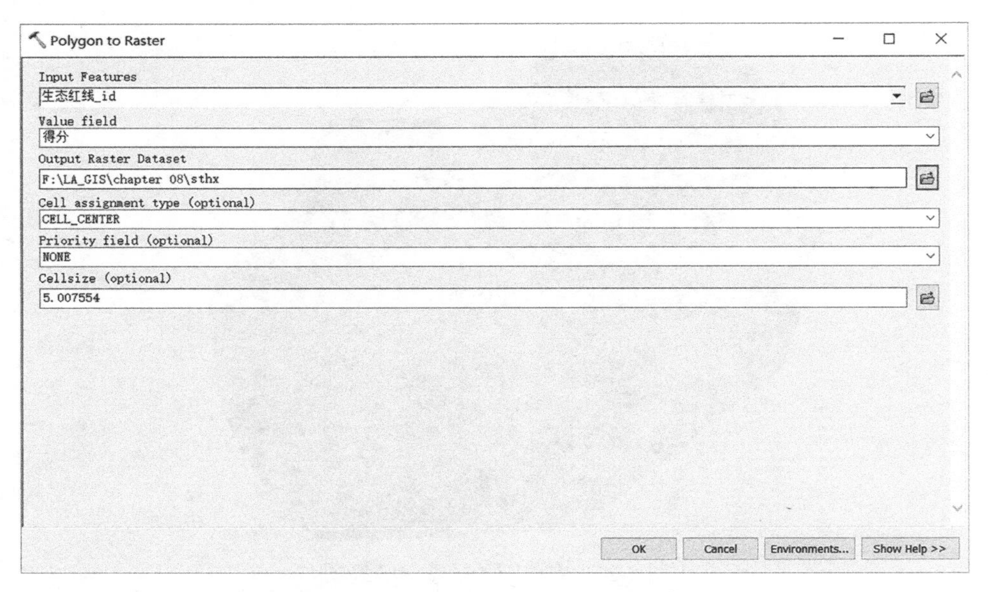

图 8-28　【Polygon to Raster】对话框

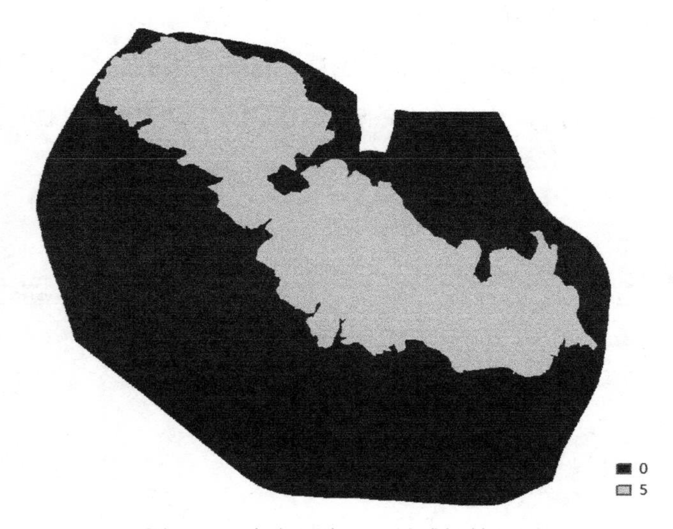

图 8-29　生态红线因子敏感性等级图

第二节　生态敏感性综合评定模型

➢ 步骤 1：综合得分

根据每个单因子的权重系数，在 ArcGIS 中叠加求和，再对叠加结果重分类，得到 W 景区敏感性的空间分布。实现带权重的空间叠加有两种途径：一种途径使用加权总和实现；另一种途径使用栅格计算器实现。本实操采用栅格计算器进行空间叠加，且由于本实操中每个因子权重相同，故直接将六个单因子相加即可。若需要不同的权重，使用栅格计算器时，在每个图层后乘以权重系数即可。

选择【Spatial Analyst Tools】/【Map Algebra】/【Raster Calulator】(图8-30)。将以上6个因子相加，即“Reclass_slope”＋“Reclass_qfd”＋“Reclass_river”＋“Reclass_ndvi”＋“nongtian”＋“sthx”，存储在（F:\LA_GIS\chapter 08）文件夹中，命名为［zonghe］，点击【OK】（图8-31）。

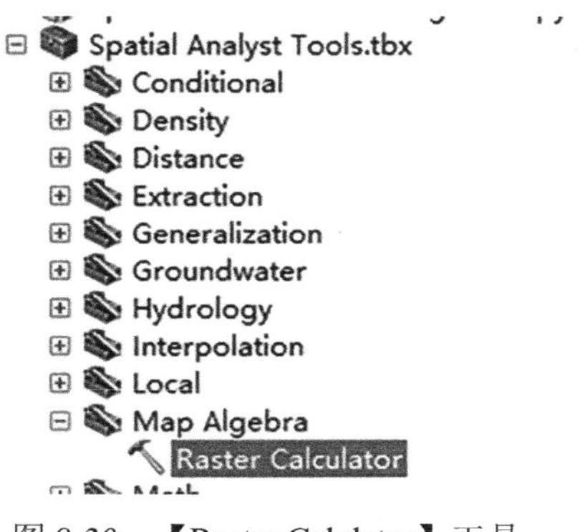

图8-30　【Raster Calulator】工具

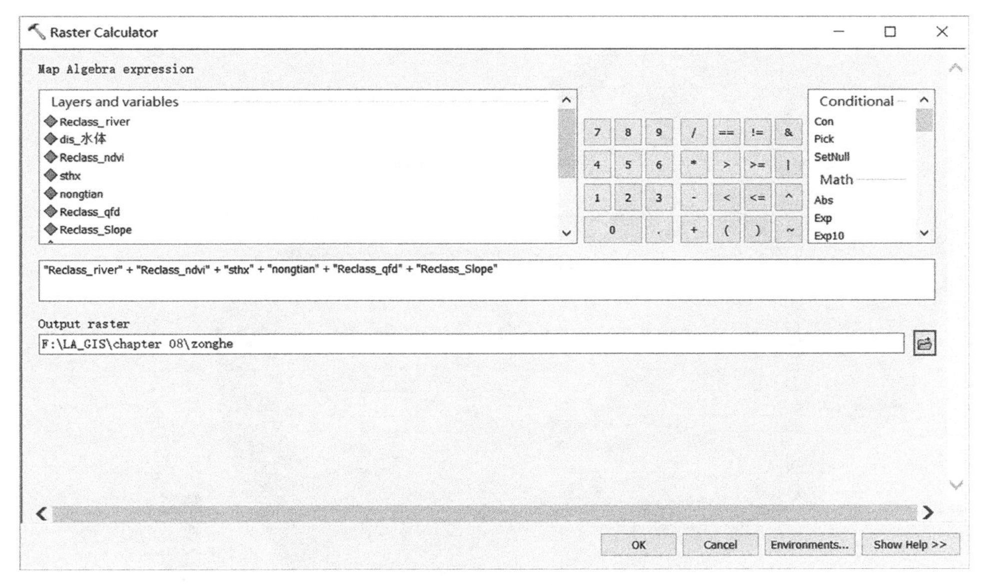

图8-31　【Raster Calulator】对话框

➢ 步骤2：生成生态敏感性分析结果图

在内容列表右击图层［zonghe］，选择属性【Properties】，打开【Layer Properties】对话框，选择【Symbology】，选择【Classified】，调整颜色与分类方式（图8-32）。生成生态敏感性分析结果图，如图8-33所示。

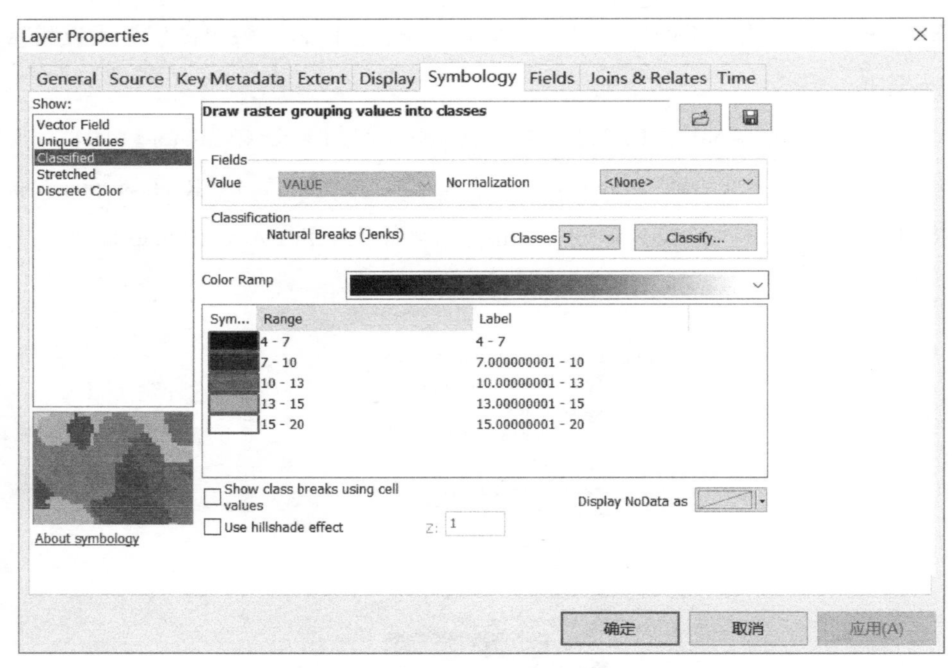

图 8-32 【Layer Properties】对话框

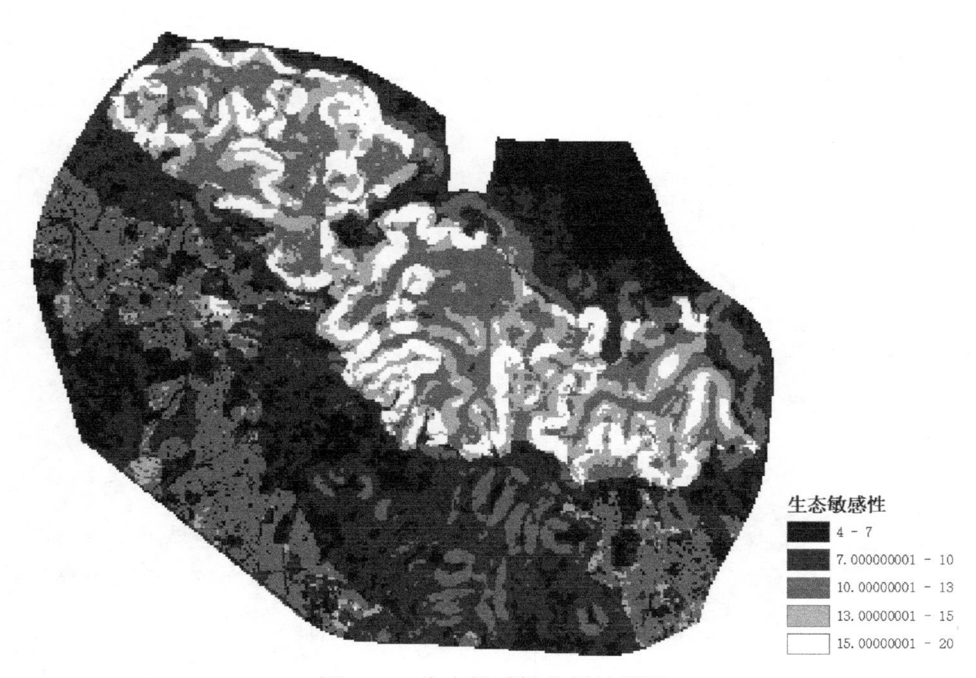

图 8-33 生态敏感性分析结果图

第九章　交通网络构建与公园服务点布局分析

目的： 公园绿地对提高城市居民生活质量与改善城市生态环境具有重要意义，越来越多的城市开始关注公园绿地分布是否合理，可达性是否较好，居民能否平等地享受城市绿色基础设施。因此，城市规划密切关注城市公园布局的合理性。本章节以 S 区域为例，利用 ArcMap10.3 的网络分析功能对该区域进行交通网络构建和公园服务区布局，从而分析该区公园选址的科学性与合理性，为城市规划的优化提供数据参考。

基础数据： S 区车行道 CAD 数据 [chexingdao]，S 区现有综合公园点 [ex_park.shp]、S 区候选综合公园点 [parks_]，以上文件位置为（F:\LA_GIS\chapter 09）。

任务： 以 S 区公园服务点布局分析为例，学习如何利用现有道路 CAD 构建交通网络，如何构建基础数据库，如何运用 GIS 生成公园服务区范围，以及如何优化公园的布局选址。

第一节　建立网络数据集

一、基础数据整理

在交通网络构建中，前期数据处理是否正确直接影响最终结果，本章节以 S 区局部交通网络 CAD 为例，通过 CAD 数据纠错、数据导入、数据转换等步骤，构成交通网络数据库。为简化计算，方便读者学习，本章节以车行交通网络构建为例。

➢ 步骤 1：CAD 数据纠错

在 AutoCAD 中打开车行道 CAD 文件 [chexingdao]，根据实际情况修改错误，修补缺漏，形成符合需求的交通网数据。

➢ 步骤 2：CAD 数据转为 GIS 数据

启动【ArcMap10.3】，在标准工具栏中点击【Add Data】添加数据，打开文件夹（F:\LA_GIS\chapter 09），载入处理完成的 CAD 数据 [chexingdao.

DWG]。在内容列表【Table Of Content】中右键点击[chexingdao.DWG Polyline]，在下拉菜单中点击【Data】，选择【Export Data】，在弹出的对话框中设置输出路径为（F:\LA_GIS\chapter 09\chexingdao.shp），输出为shp数据（图9-1）。

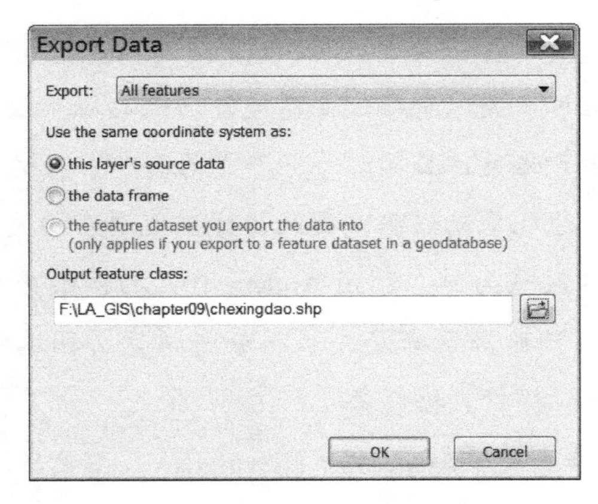

图9-1 输出shapefile文件

➢ 步骤3：构建基础数据库

在目录面板中右键点击文件夹[chapter09]，在弹出的下拉栏中点击【New】，选择【Folder】，新建工作文件夹[JTWLGJ]。在文件夹下新建个人地理数据库[luwang.mdb]，在[luwang.mdb]下新建要素数据集[luwang]，并选择坐标系为GCS_WGS_1984（图9-2）。详细数据库构建的操作方法参考第二章第二节。

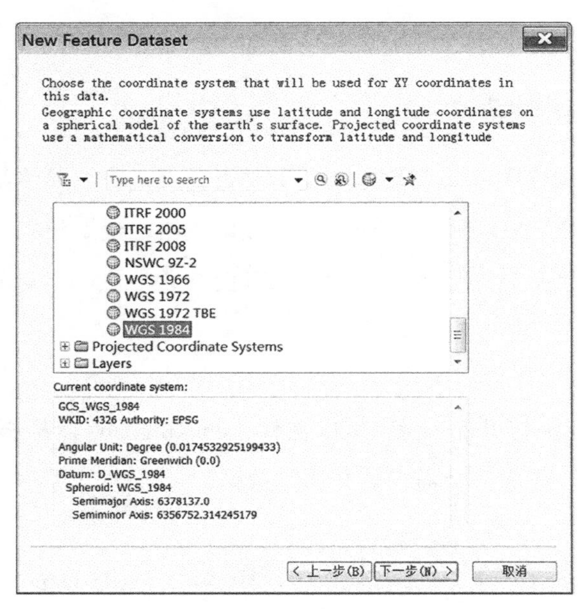

图9-2 新建要素数据集

➢ 步骤 4：导入数据

在目录面板【Catalog】中右击要素数据集［luwang］，点击【Import】，选择【Feature Class (single)】，在弹出的对话框中选择输入要素为［chexingdao］，将输出的要素类命名为［chexingdao］（图 9-3），点击【OK】，完成数据导入。将目录面板中的［chexingdao］线要素类集拖入内容面板，并移除其他图层，如图 9-4 所示。

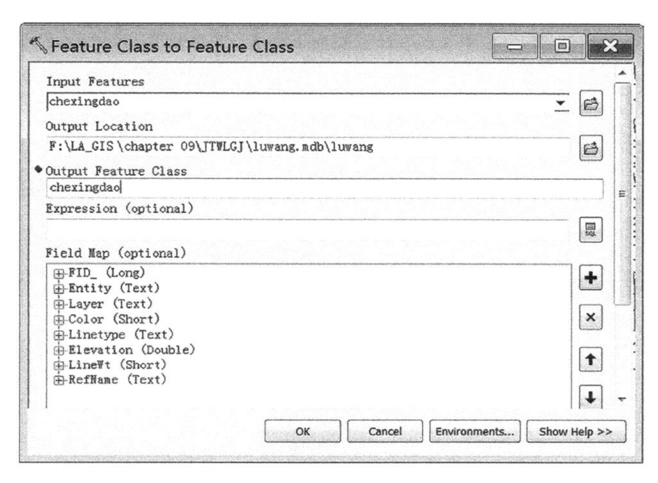

图 9-3 添加导入数据

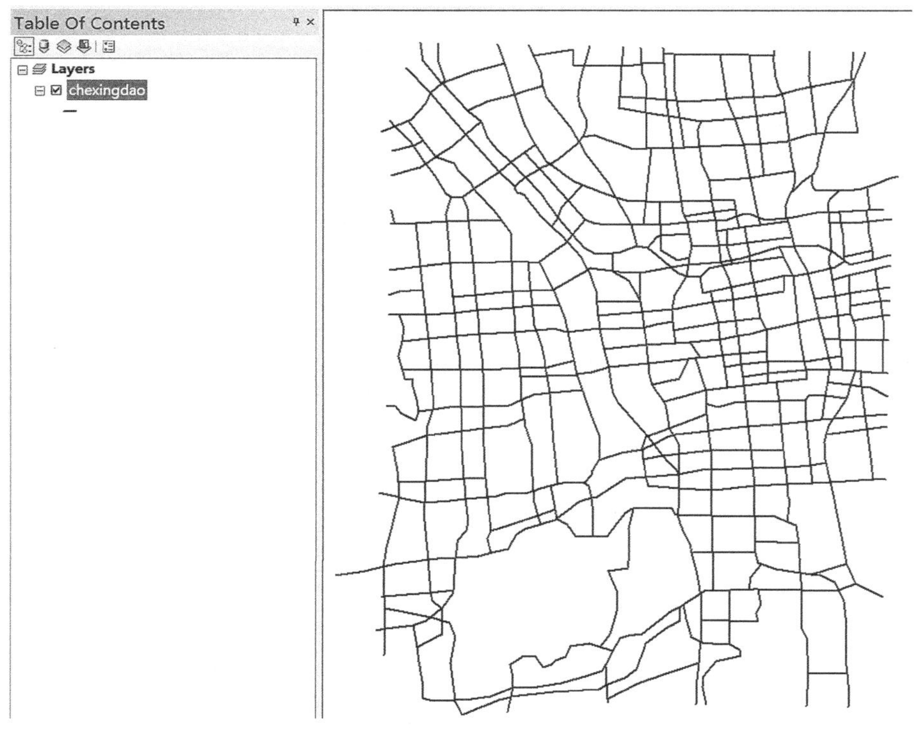

图 9-4 数据导入结果

二、基础数据编辑

➢ 步骤 1：合并各级道路

打开编辑器【Editor】，右击【Start Editing】，对［chexingdao］图层进行编辑（图 9-5）。右键打开［chexingdao］属性表，点击表选项按钮 ，选择按属性选择【Select By Attributes】，点击【Get Unique Values】，选择图层类型为【zhugandao】的要素（图 9-6），点击【Apply】。点击编辑器【Editor】，在下拉栏中点击合并【Merge】，选择任意要素，点击【确定】，完成合并。重复以上操作，对【cigandao】要素进行合并。

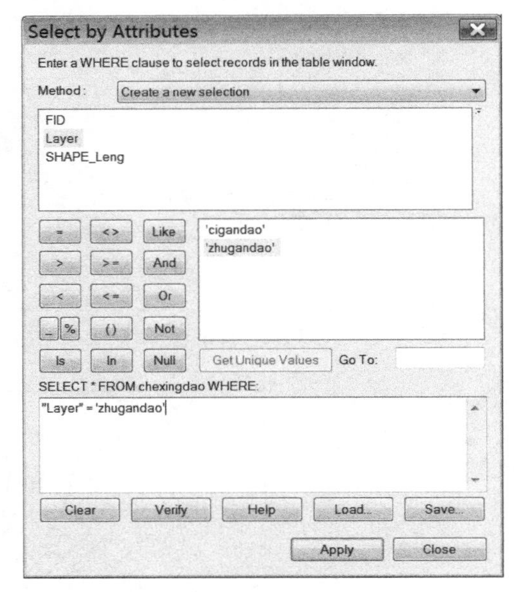

图 9-5 开始编辑　　　　图 9-6 按属性选择要素

➢ 步骤 2：打断道路相交线

通过选择工具 将所有交通网络选中，打开编辑器中的高级编辑工具栏，点击打断相交线按钮 ，使所有道路在交点打断，停止编辑，为之后的交通网络构建做准备。

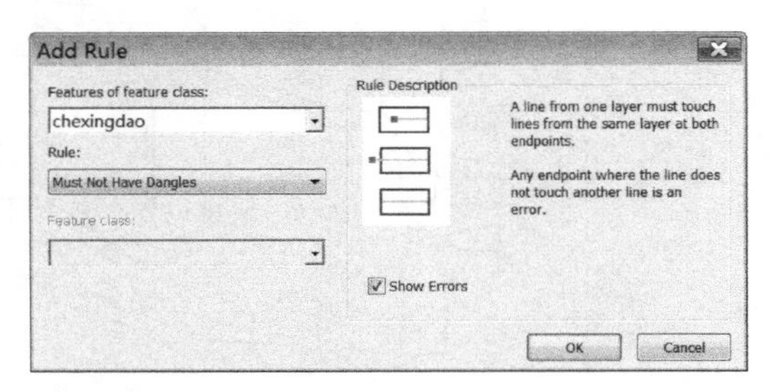

图 9-7 添加规则

➢ 步骤 3：进行拓扑检查

在目录面板【Catalog】中，右击要素数据集［luwang］，新建拓扑【Topology】，在【New Topology】对话框中，点击【下一步】，设置名称为［luwang_Topology］，点击【下一步】，将要素类［chexingdao］加入拓扑，并在下一步中接受默认的范围设置。在添加规则面板中，点击【Add Rules】，选择规则为【Must Not Have Dangles】，检查交通网是否存在不合理悬挂点（图 9-7）。点击【Finish】，完成拓扑建立，并将拓扑文件［luwang_Topology］拖入内容面板【Table Of Contents】中，查看结果，如图 9-8 所示。发现悬挂点主要出现在边缘断线，为合理悬挂点，所以不进行纠正。

按照相同的方式，可根据研究目的需要，添加相应的规则，对交通网络进行拓扑检查，如若发现错误，则对交通网络进行编辑调整，直到验证结果没有报错信息。

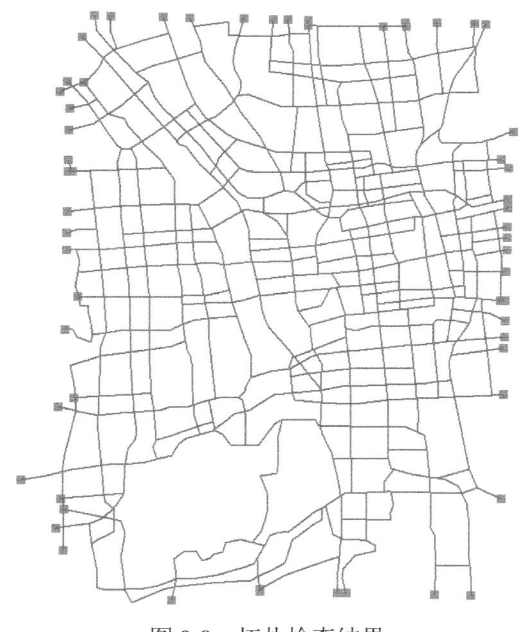

图 9-8　拓扑检查结果

➢ 步骤 4：设置道路属性

打开［chexingdao］属性表，批量添加字段。点击表选择按钮 ，在下拉菜单中选择【Add Field】，添加双精度字段【drivetime】。再次点击该按钮 ，在下拉菜单中选择按要素选择【Select By Attributes】，选择交通网中所有【zhugandao】，即主车行道。假设该道车行速度为 48km/h，即 800m/min。打开字段计算器【Field Calculator】，计算车行时间，则主车行道的车行时间为：

drivetime ＝［SHAPE_Length］/800（图 9-9）

同理，假设次干道的车行速度为 30km/h，即 500m/min，则次车行道【cigandao】的车行时间为：

drivetime ＝［SHAPE_Length］/500。点击【OK】，完成车行时间计算，为接下来的交通网络构建提供时间成本数据。

（注意：字段计算器需在编辑状态下方可使用）。

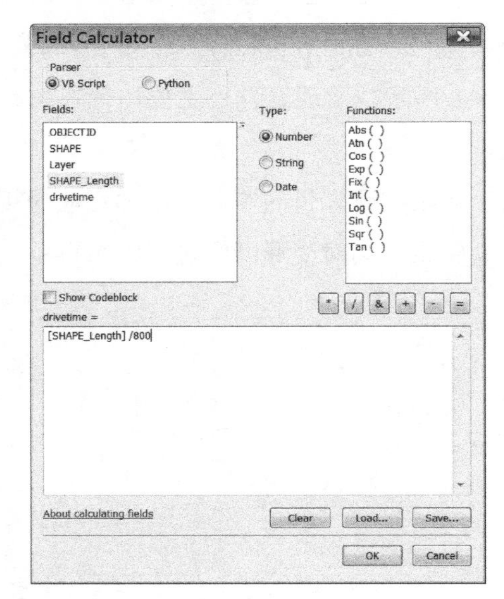

图 9-9　计算车行时间

三、简易交通网络构建

➢ 步骤 1：新建网络数据集

右击菜单栏空白处，勾选【Network Analyst】，调出网络分析工具条。在目录面板【Catalog】中右击要素数据集［luwang］，选择新建网络数据集【Network Dataset】，对弹出的对话框进行编辑。

➢ 步骤 2：编辑对话框内容

输入网络数据集的名称为［chexingdao_ND］，点击【下一步】（图 9-10），选择要素［chexingdao］，默认是否转弯为【Yes】，点击【下一步】。点击【Connectivity】，显示连通性对话框，接受默认设置，点击【下一步】（图 9-11）。

在设置高程建模对话框中，接受默认设置（图 9-12）。（注意：如果两相交线的交点高程不同，则不会建立联通。）点击【下一步】设置网络数据集属性，由于交通网络数据要素已编辑属性，所以系统会自动识别属性，如时间成本【Minutes】、路程成本【Length】，如图 9-13。

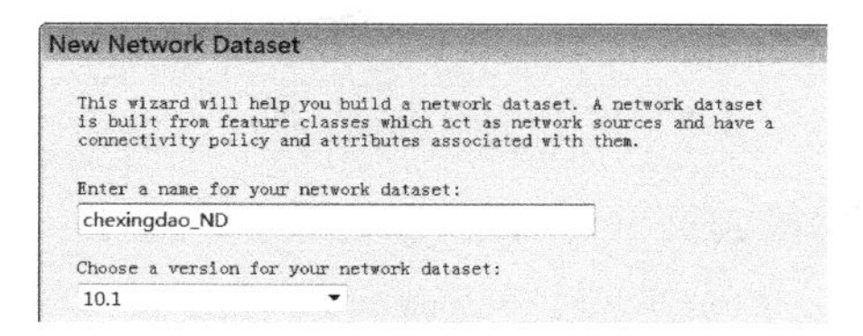

图 9-10　网络数据集命名

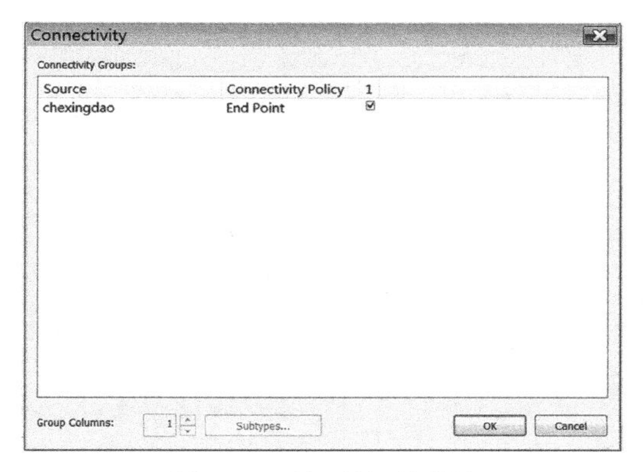

图 9-11　连通性对话框

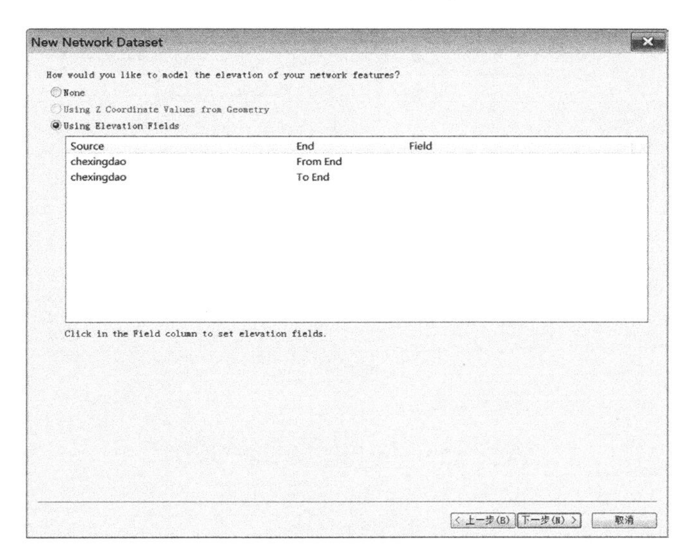

图 9-12　高程建模对话框

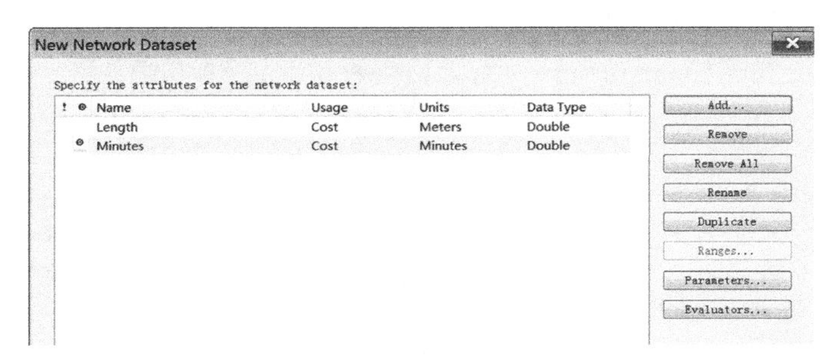

图 9-13　设置网络数据集属性

若没有所需成本属性，则可点击【Add】添加新属性，点击【下一步】，接受默认设置，点击【下一步】，在行驶方向设置对话框中选择【NO】，点击【完成】，结束设置。在弹出的询问对话框中，点击【Yes】，载入交通网络。通过再次检查修正，则简易交通网络构建完成（图 9-14）。

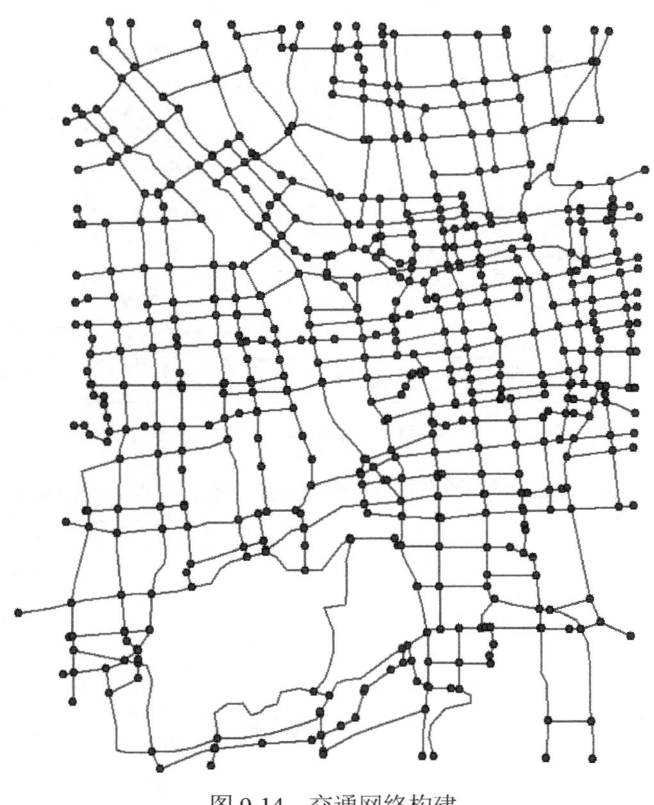

图 9-14　交通网络构建

第二节　生成公园服务区

➢ 步骤 1：打开网络分析窗口

紧接上节操作，在 ArcMap10.3 的主菜单中点击自定义【Customize】，点击工具条【Toolbars】，在其子菜单栏中勾选网络分析工具【Network Analyst】。在网络分析下拉菜单中选择新建服务区【New Service Area】（图 9-15），生成新的服务区图层。打开【Network Analyst】窗口，在窗口中会显示设

Network Analyst
New Route
New Service Area
New Closest Facility
New OD Cost Matrix
New Vehicle Routing Problem
New Location-Allocation
Options...

图 9-15　新建服务区

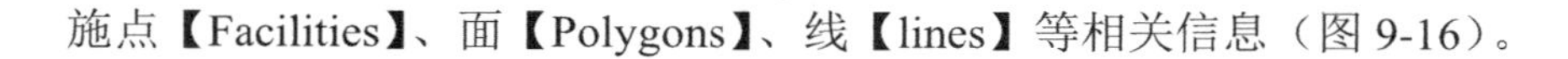

施点【Facilities】、面【Polygons】、线【lines】等相关信息（图 9-16）。

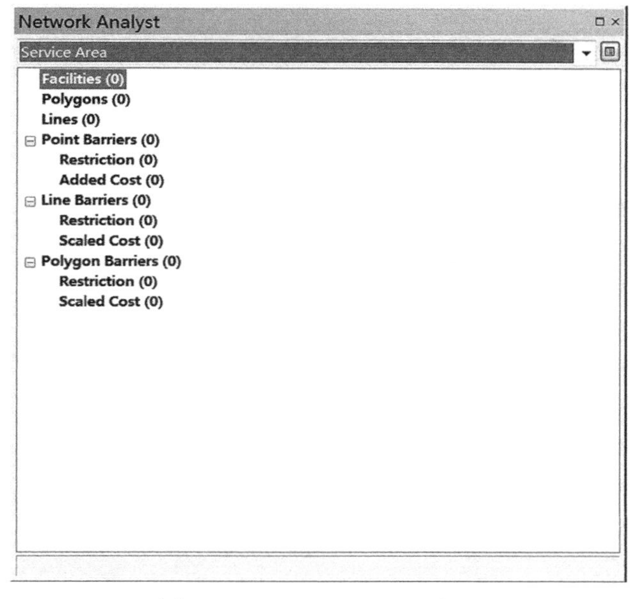

图 9-16　Network Analyst 窗口

➢ 步骤 2：添加公园服务点

将目录列表中的［parks_］文件拖入内容列表中。在【Network Analyst】窗口中，右击设施点【Facilities】，选择加载位置【Load Locations】（图 9-17），在对话框中加载图层［parks_］，点击【OK】，载入设施点（图 9-18）。

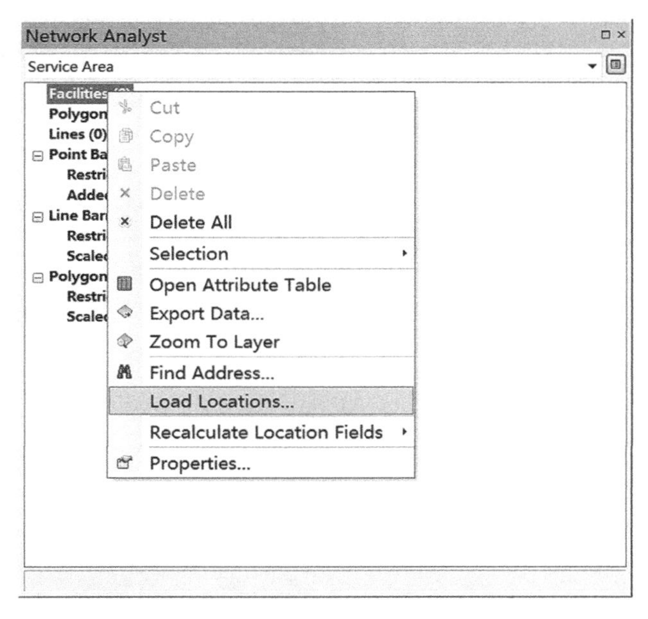

图 9-17　加载位置

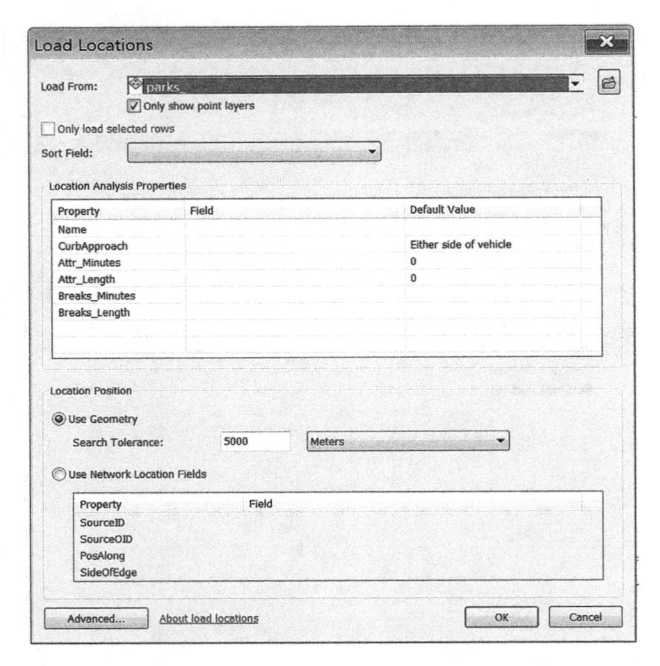

图 9-18 载入公园点

➢ 步骤 3：服务区图层属性设置

在内容列表中，右键服务区【Service Area】，打开图层属性【Properties】。进入分析设置【Analysis Settings】，对阻抗【Impedance】进行设置。本章节以车行时间 3min、5min、10min 为默认中断值，并以朝向公园的设施点为方向（图 9-19）。在面生成【Polygon Generation】选项中，设置面类型【Polygon

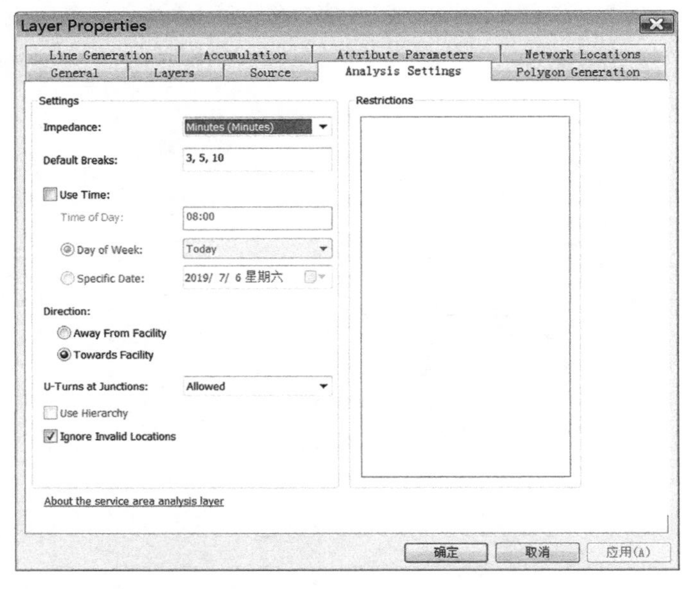

图 9-19 服务区分析设置

Type】、多个设施点选项【Multiple Facilities Options】以及叠置类型【Overlap Type】，如图 9-20 所示。点击【确定】，完成设置。在【Network Analyst】工具条上点击【Solve】，生成服务区域范围结果（图 9-21）。

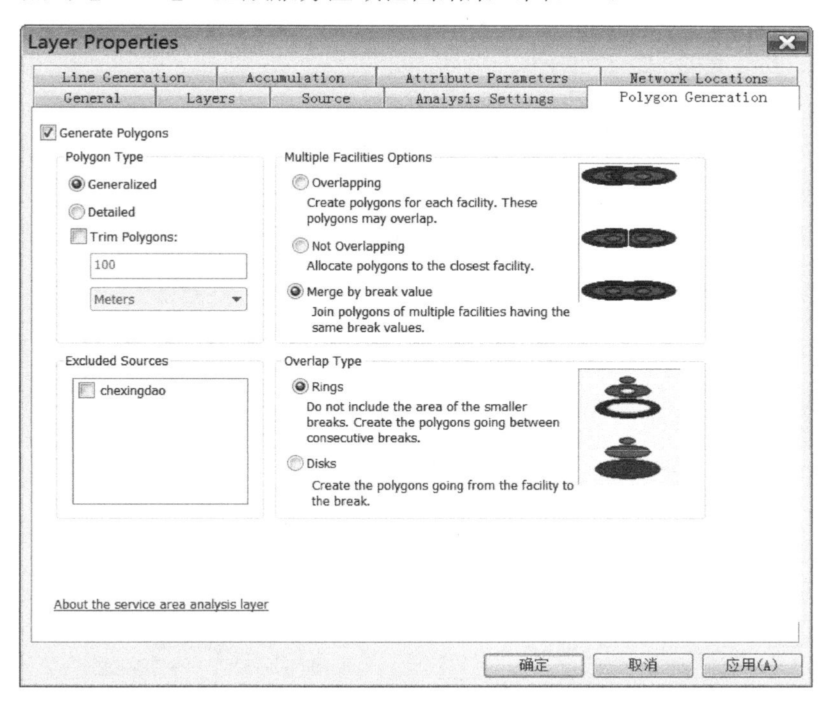

图 9-20 服务区面生成设置

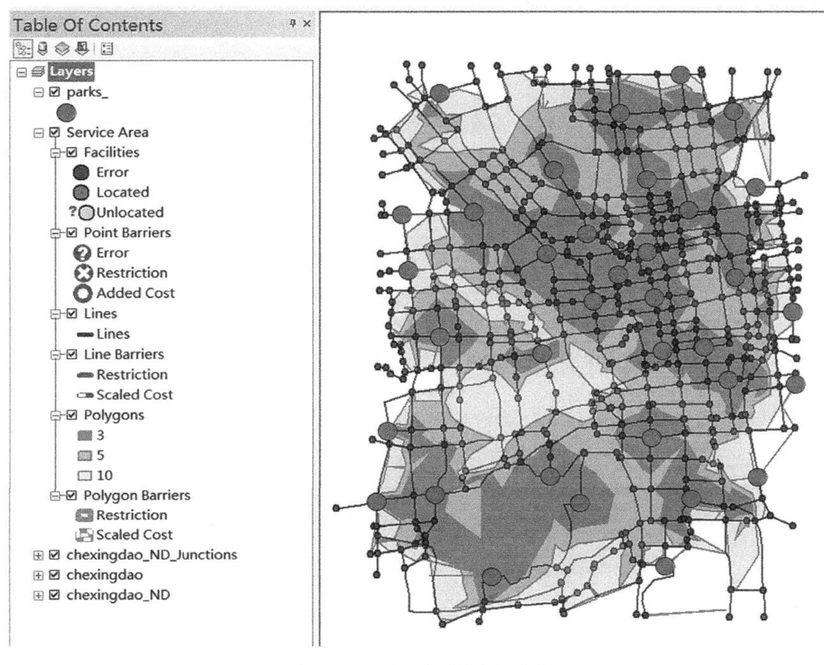

图 9-21 公园服务区范围

第三节　公园选址和位置分配

一、基于最小化设施点模型选址

➢ 步骤 1：基础数据准备

在标准工具栏中点击【Add Data】添加数据，打开文件夹（F:\LA_GIS\chapter 09），载入 S 区现有综合公园点［ex_park.shp］、候选综合公园点［parks_］以及车行交通网络模型［chengxingdao_ND］。数据载入完成后，界面如图 9-22 所示。

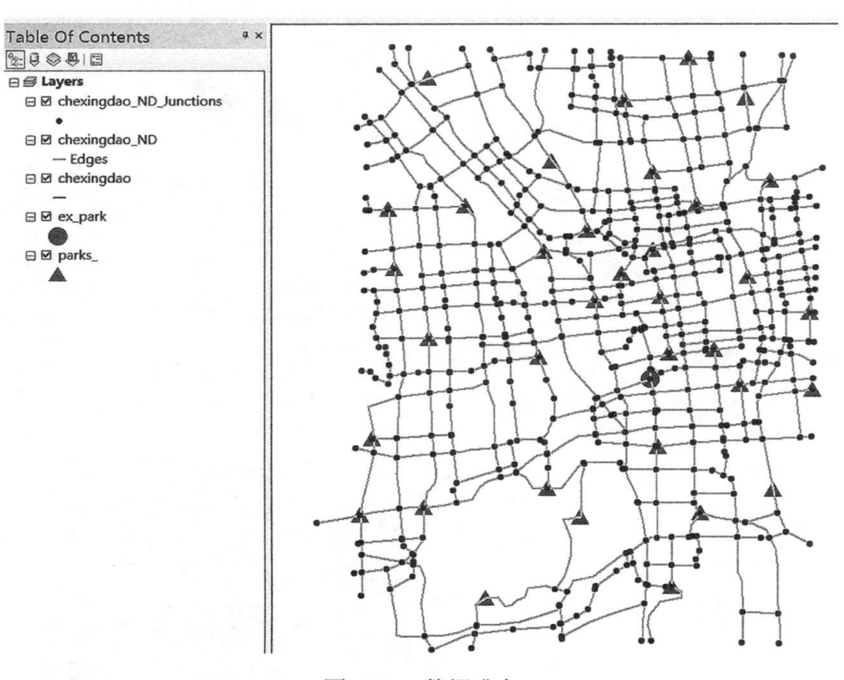

图 9-22　数据准备

➢ 步骤 2：打开分析工具

在网络分析下拉菜单中选择新建位置分配【New Location Allocation】，生成新的位置分配图层（图 9-23）。打开【Network Analyst】窗口，在窗口中会显示设施点【Facilities】，请求点【Demand points】，线【lines】等相关信息。

➢ 步骤 3：加载现有综合公园

在【Network Analyst】面板中，右击设施点【Facilities】，选择加载位置【Load Locations】，在加载位置对话框中，加载现有综合公园［ex_park］，将设施类型【FacilityType】设为必选项【Required】（图 9-24）。

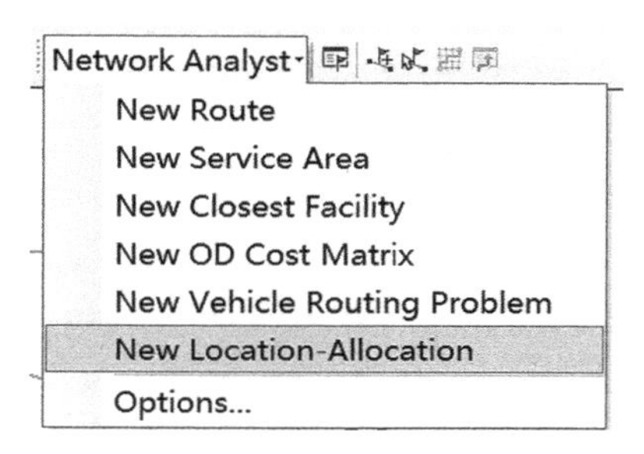

图 9-23　新建位置分配

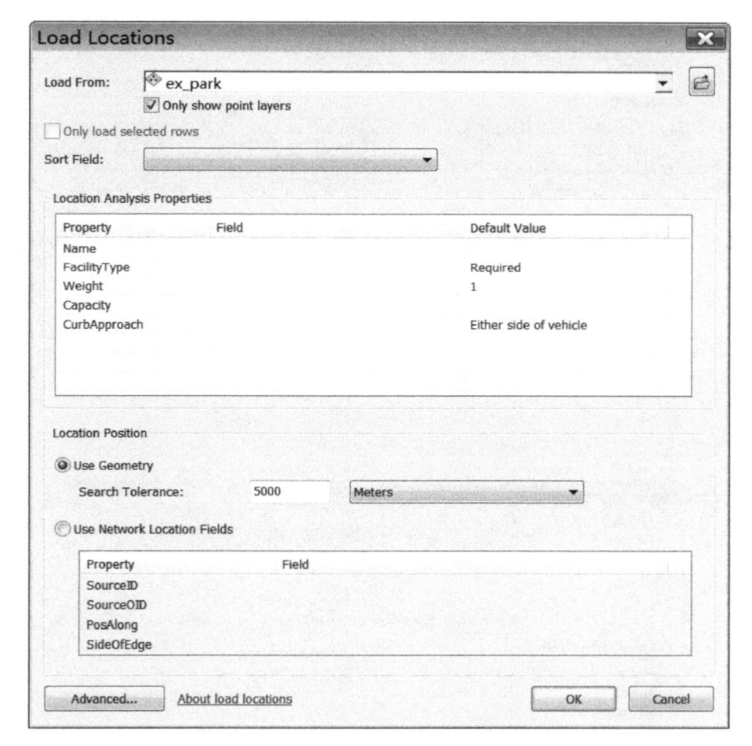

图 9-24　加载现有综合公园点

➢ 步骤 4：加载候选综合公园

在【Network Analyst】面板中，右击设施点【Facilities】，选择加载位置【Load Locations】，在加载位置对话框中，加载候选综合公园［parks_］，将设施类型【FacilityType】设为候选项【Candidate】（图 9-25）。

➢ 步骤 5：加载请求点

在【Network Analyst】面板中，右击请求点【Demand points】，选择加载位置【Load Locations】，在加载位置对话框中，加载交通节点［chengxingdao_ND_Junction］（图 9-26），点击【OK】，完成操作（图 9-27）。

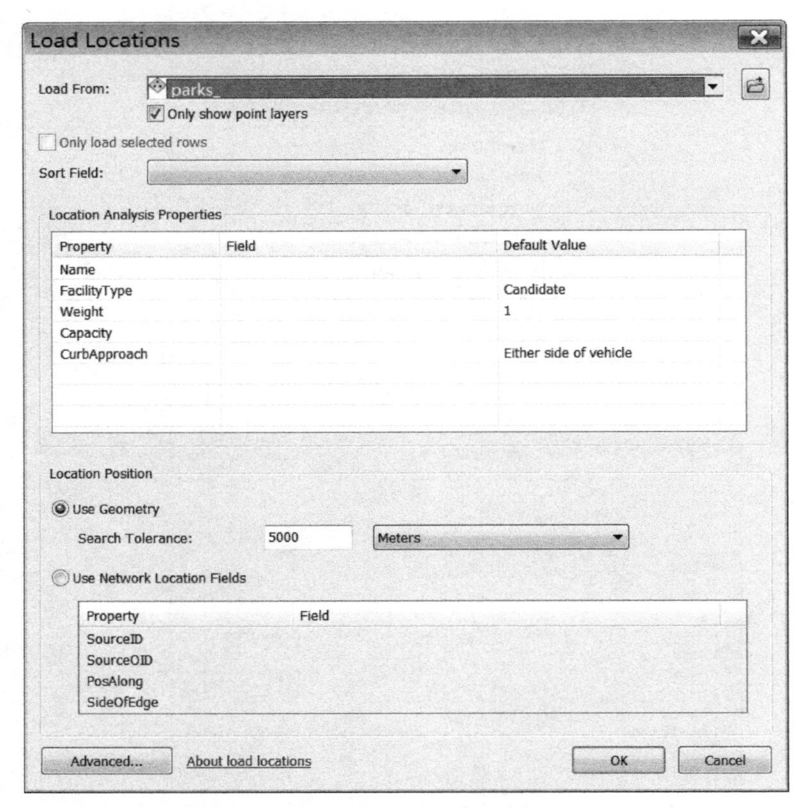

图 9-25　加载候选综合公园点

Load Locations
Load From: chexingdao_ND_Junctions
Only show point layers
Only load selected rows
Sort Field:
Location Analysis Properties

Property	Field	Default Value
Name		
Weight		1
GroupName		
ImpedanceTransformat...		
ImpedanceParameter		
CurbApproach		Either side of vehicle
Cutoff_Minutes		
Cutoff_Length		

Location Position
Use Geometry
Search Tolerance: 5000 Meters
Use Network Location Fields

Property	Field
SourceID	
SourceOID	
PosAlong	
SideOfEdge	

Advanced...　About load locations　OK　Cancel

图 9-26　加载请求点

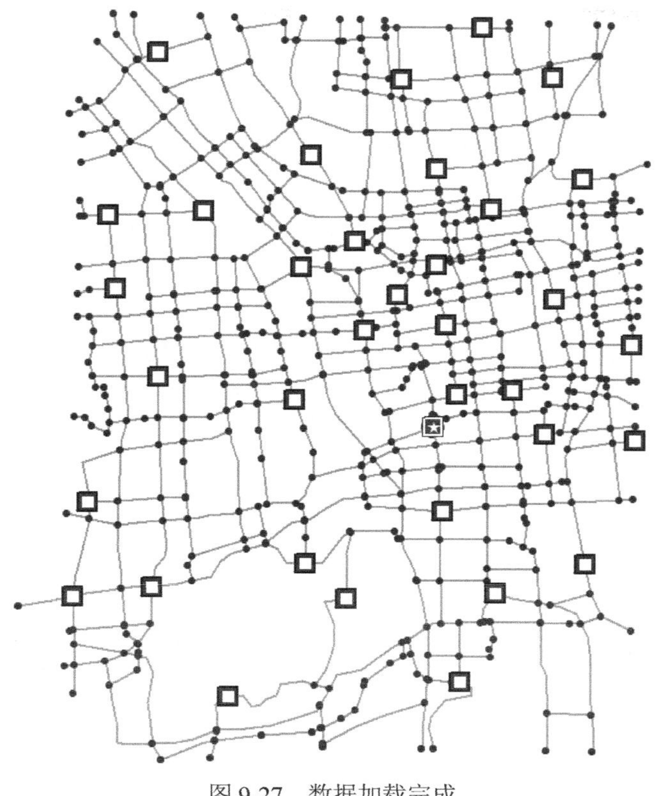

图 9-27　数据加载完成

➢ 步骤 6：设置位置分配属性

点击【Network Analyst】面板右上方的位置分配属性按钮，打开图层属性对话框。点击高级设置【Advanced Settings】，选择问题类型【Problem Type】为最小设施点数【Minimize Facilities】，阻抗中断值【Impendance Cutoff】为【20】，意味着假设综合公园的最大服务范围为 20min 的车行时间（图 9-28）。点击常规设置【General】，将图层命名为［minimize facilities］（图 9-29）。点击分析设置【Analysis Settings】，将阻抗【Impendance】设置为【Minutes】（图 9-30）。点击【确定】，完成设置。

➢ 步骤 7：求解位置分配

点击【Network Analyst】工具条上的求解工具，生成综合公园的位置分配图（图 9-31）。

为区分不同公园点的位置分配，在内容面板下选择图层【minimize facilities】下的【Lines】，双击打开图层属性，点击符号系统【Symbology】，设置属性如图 9-32 所示，点击添加所有值，点击确定，生成位置分配图。从图 9-33 可得知，至少 4 个综合公园才能实现服务范围全覆盖。

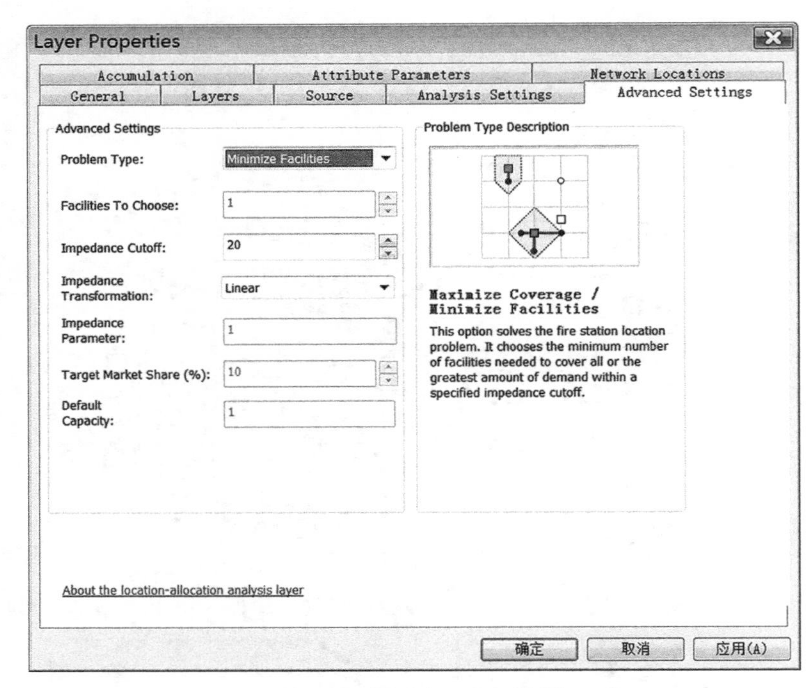

图 9-28 位置分配高级设置

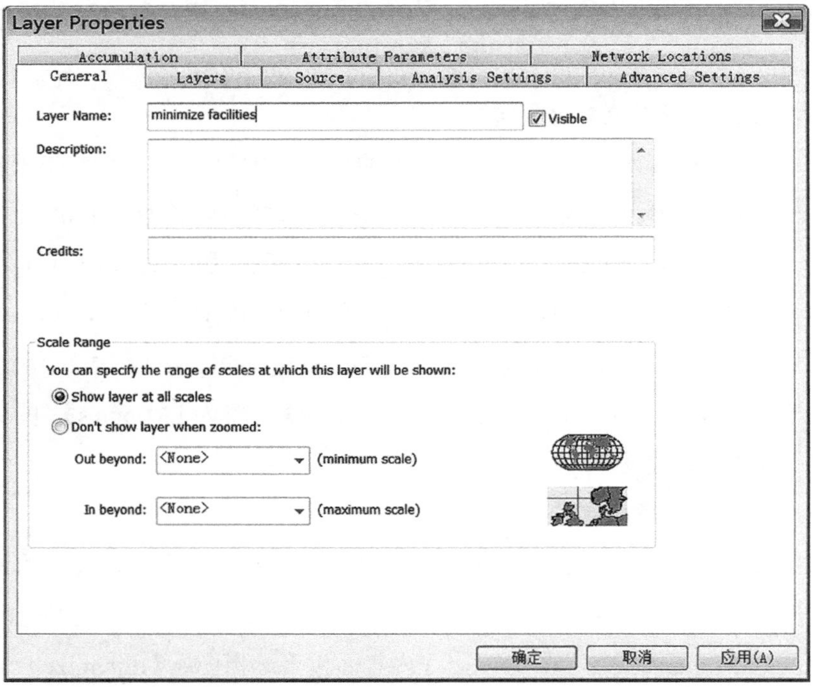

Layer Properties
Accumulation
Attribute Parameters
Network Locations
General
Layers
Source
Analysis Settings
Advanced Settings
Layer Name: minimize facilities
Visible
Description:
Credits:
Scale Range
You can specify the range of scales at which this layer will be shown:
Show layer at all scales
Don't show layer when zoomed:
Out beyond: <None> (minimum scale)
In beyond: <None> (maximum scale)
确定
取消
应用(A)

图 9-29 位置分配命名

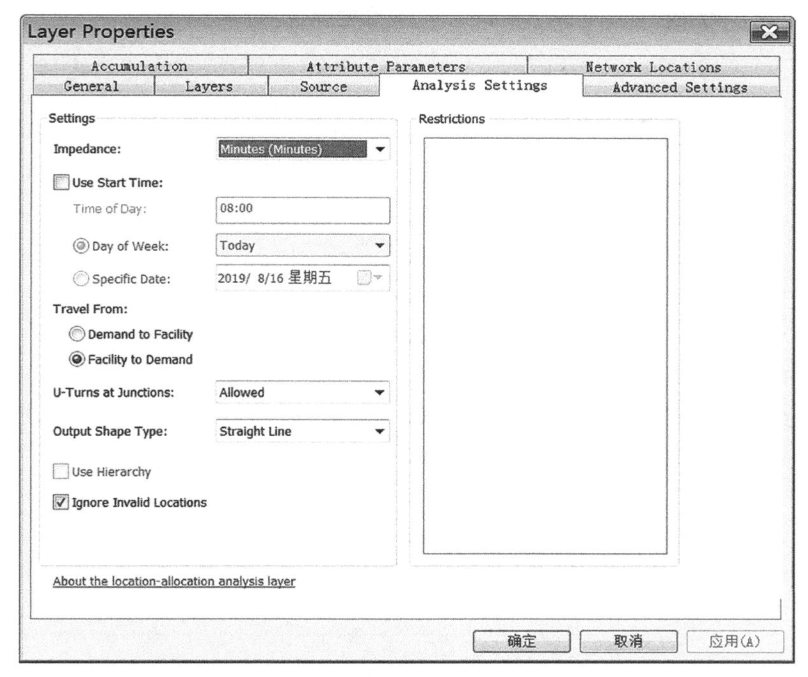

图 9-30　位置分配分析设置

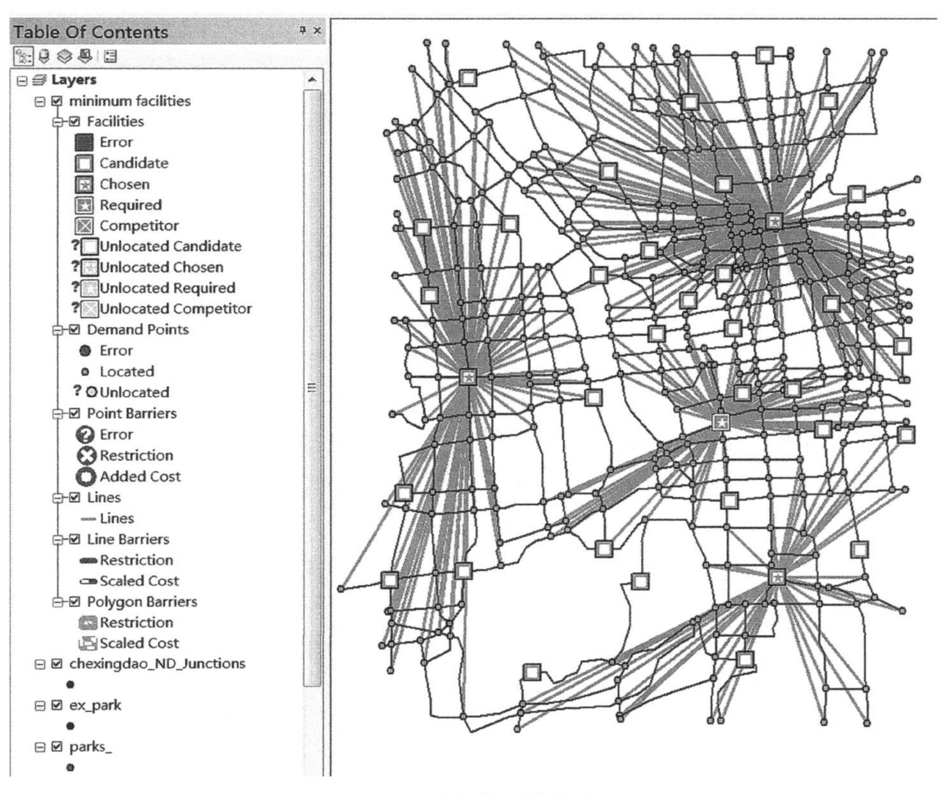

图 9-31　最小化设施点分配

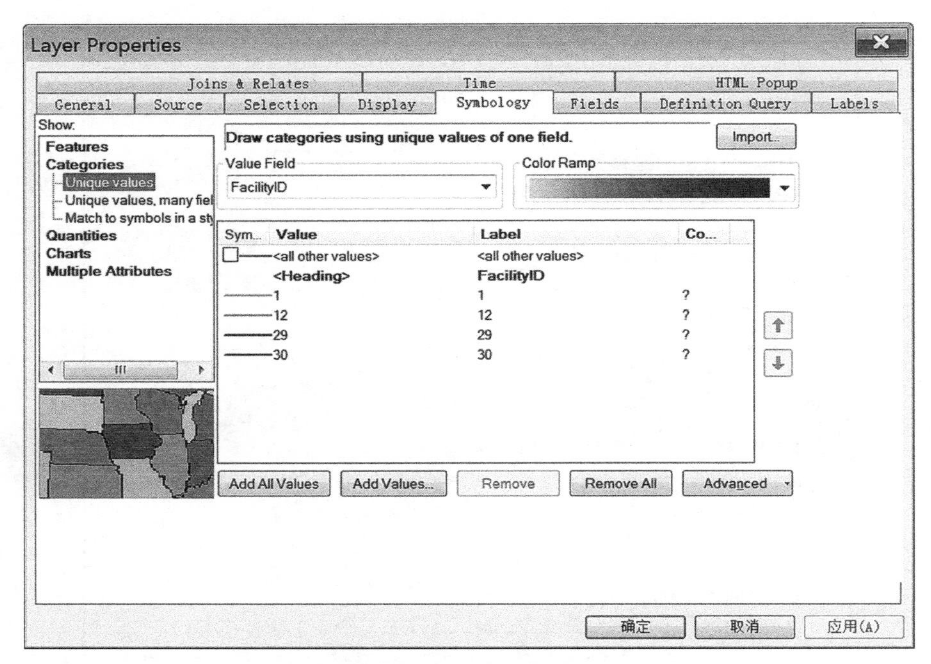

图 9-32　符号系统设置

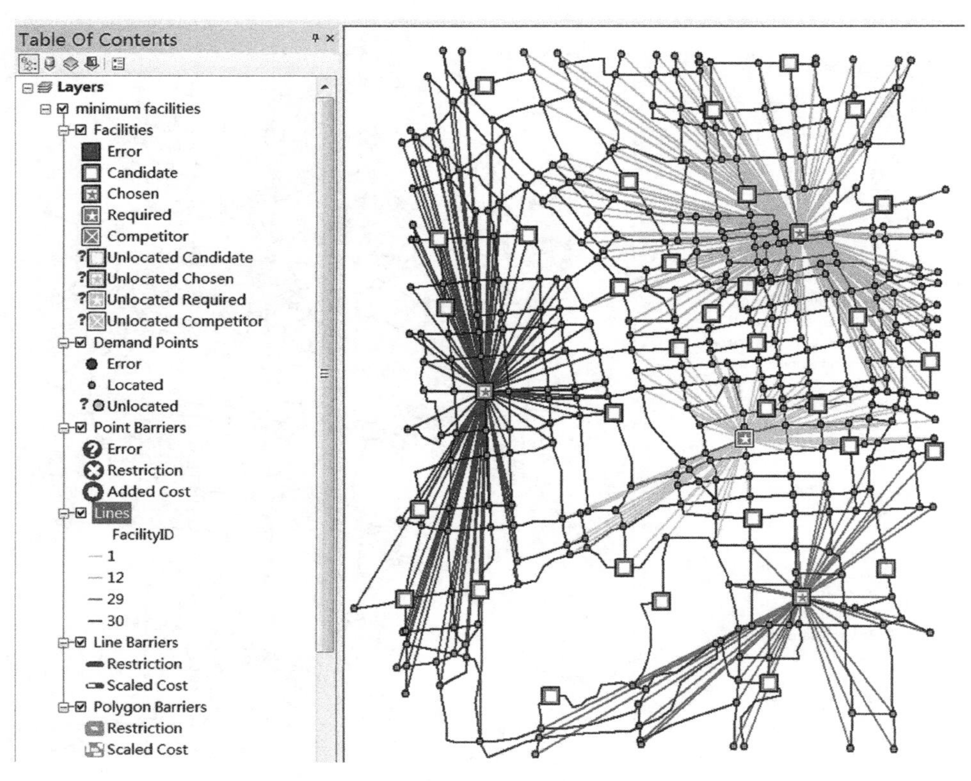

图 9-33　符号化表达

二、基于最大化覆盖范围模型

上小节通过最小化设施点数模型分配综合公园，得出至少需要 4 个综合公园才能满足该区域的使用需求。下面分别计算当综合公园为 1、2、3、4 个时，其最大覆盖模型。

➢ 步骤 1：分析单个综合公园的最大覆盖范围

与上述基于最小化设施点模型选址的方法类似，首先新建位置分配，载入现有综合公园以及候选综合公园，载入请求点［chexingdao ND Junctions］。设置图层属性，在【General】中，将图层命名为［maximize coverage1］（图 9-34）；然后点击高级设置【Advanced Settings】，选择问题类型【Problem Type】为最大覆盖范围【Maximize Coverage】，选择一个设施点，并将阻抗中断值【Impendance Cutoff】设为【20】（图 9-35）；点击分析设置【Analysis Settings】，将阻抗【Impendance】设置为【Minutes】，点击【确定】，完成设置。最后点击【Solve】，生成单个综合公园的最大覆盖范围模型（图 9-36）。

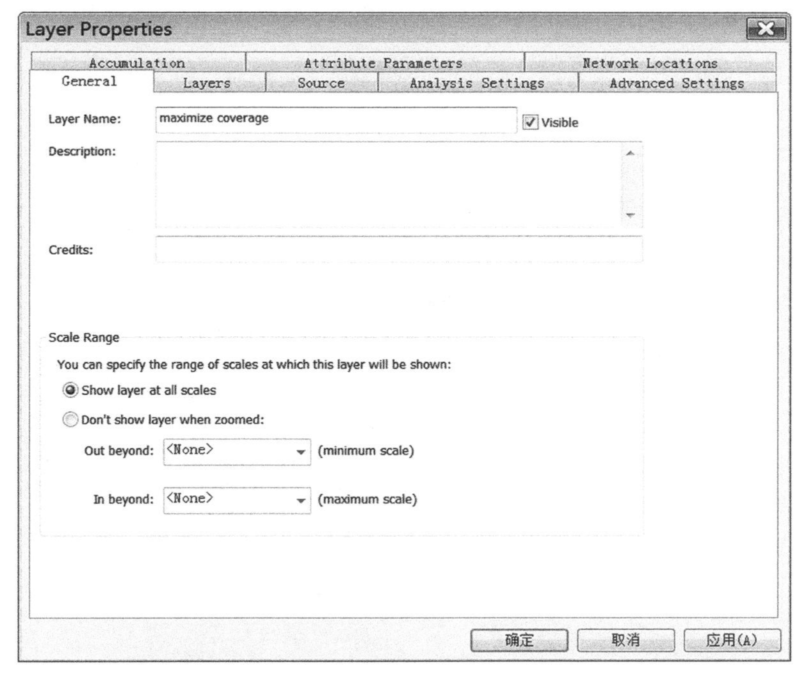

图 9-34 设置图层名称

➢ 步骤 2：生成多个综合公园覆盖范围

按照上述操作，分别生成 2、3、4 个综合公园的最大覆盖范围模型为［maximize coverage2］、［maximize coverage3］、［maximize coverage4］

（图 9-37～图 9-39）。

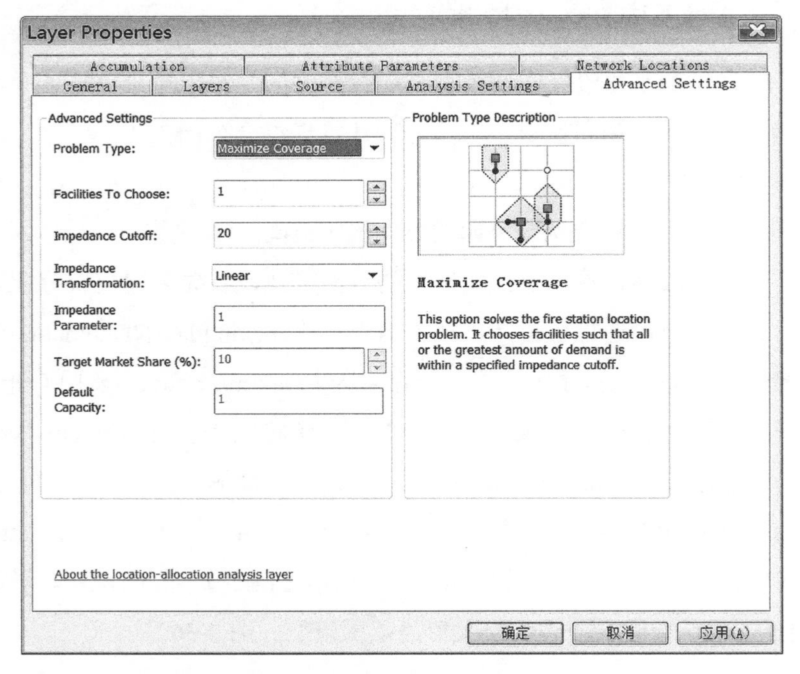

图 9-35　位置分配高级设置

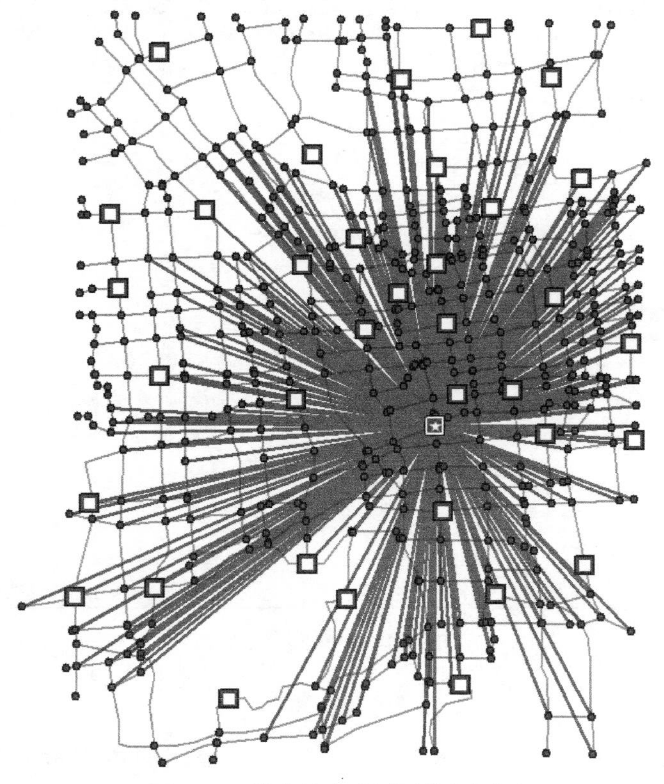

图 9-36　单个综合公园覆盖范围图

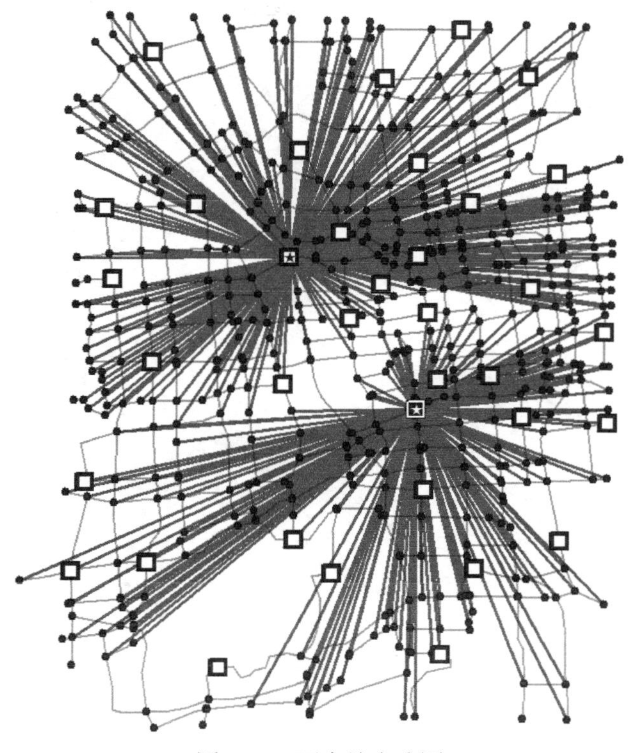

图 9-37　两个综合公园

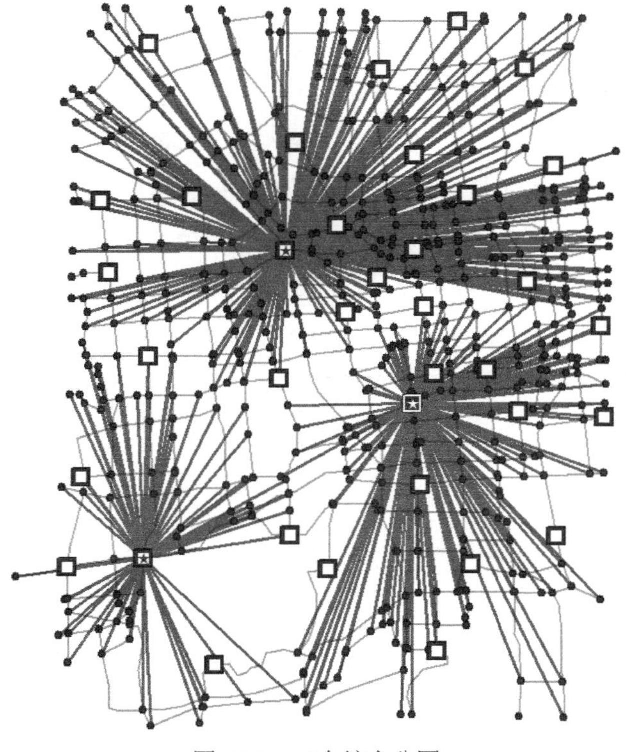

图 9-38　三个综合公园

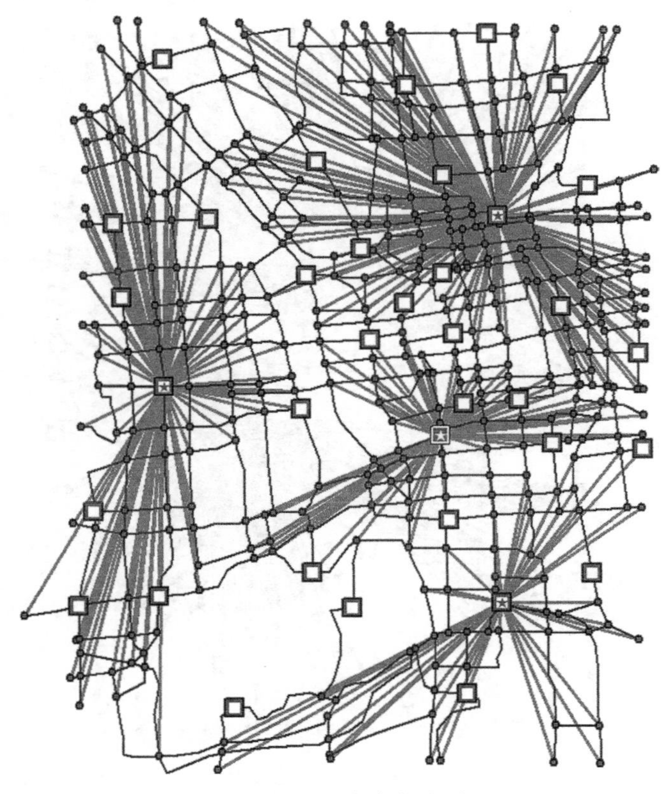

图 9-39　四个综合公园

➢ 步骤 3：分析分配结果

在【Network Analyst】面板中，展开【Facilities】，选择标有“☆”号的设施点，右击选择【Properties】，查看该点属性（图 9-40）。其中【DemandCount】为该点能服务到的需求点总数，【Total_Minutes】为到达需求点的车行时间总和。

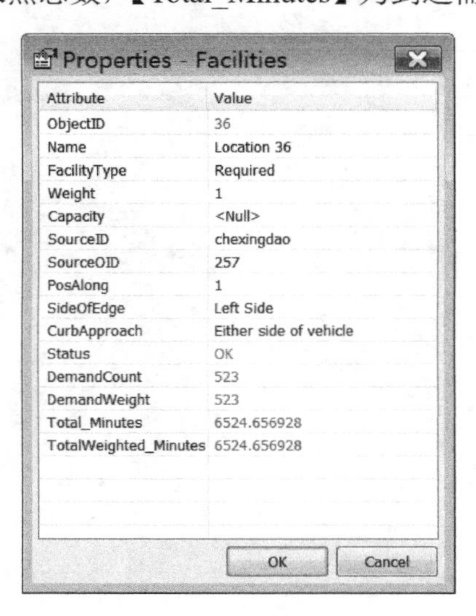

Properties - Facilities

Attribute	Value
ObjectID	36
Name	Location 36
FacilityType	Required
Weight	1
Capacity	<Null>
SourceID	chexingdao
SourceOID	257
PosAlong	1
SideOfEdge	Left Side
CurbApproach	Either side of vehicle
Status	OK
DemandCount	523
DemandWeight	523
Total_Minutes	6524.656928
TotalWeighted_Minutes	6524.656928

OK　Cancel

图 9-40　查看设施点属性

三、公园服务区划分和再分配

➢ 步骤 1：公园服务区划分

当布局 3 个综合公园时，根据其覆盖模型结果，划分服务区范围。在目录面板对应的文件夹下新建面类型的［park_FWQ］，根据［maximize coverage3］所计算出的结果，编辑面要素，形成 3 块服务区，如图 9-41 所示。

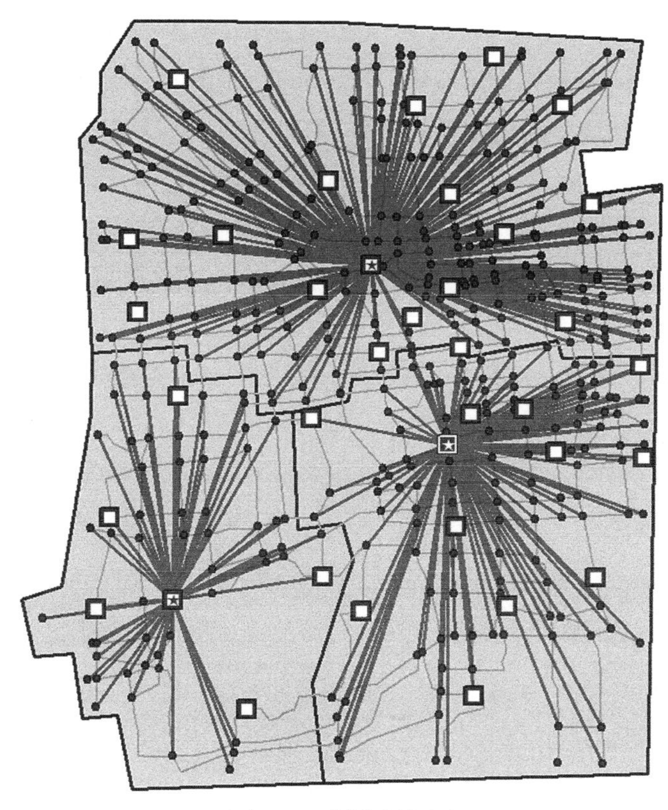

图 9-41 划分服务区

➢ 步骤 2：综合公园再选址

• 数据准备。打开［maximize coverage3］图层与公园服务区图层［park_FWQ］。在网络分析下拉菜单中选择新建位置分配【New Location Allocation】，生成新的位置分配图层。

• 新建北区位置分配。点击【Network Analyst】面板右上方的位置分配属性按钮，打开图层属性对话框。将图层名称设置为［northern parks］，并在高级设置【Advanced Settings】中选择问题类型【Problem Type】为最小阻抗【Minimize Impendance】，设置要选择的设施【Faclities to Choose】为【1】，阻抗中断值【Impendance Cutoff】为【20】；点击分析设置【Analysis Settings】，将

阻抗【Impendance】设置为【Minutes】(图 9-42)，点击【确定】，完成设置。

• 加载北区公园服务范围内的请求点。将图层［park_FWQ］设为编辑环境，使用选择工具 ，选中［park_FWQ］中的北片区（图 9-43）。点击菜单栏的选择【Selection】，选择【Selection By Location】，在对话框中，选择目标图层为［maximize coverage3］图层的【Demand Points】，选择源图层【Source layer】为［park_FWQ］，并勾选【Use selected features】(图 9-44)，点击【OK】，选中北区请求点，如图 9-45 所示。右击【Network Analyst】面板中的请求点【Demand Points】，在对话框中加载【Demand Points】，并勾选【Only load selected rows】，使用选中的要素为北区请求点，如图 9-46。

• 加载候选公园点。在【Network Analyst】面板中，右击设施点【Facilities】，选择加载位置【Load Locations】，在加载位置对话框中，加载候选公园［parks_］，将设施类型【Facility Type】设为候选项【Candidate】(图 9-47)，点击【OK】完成加载。

• 位置分配求解。在【Network Analyst】工具条上点击的求解工具【Solve】，生成北区综合公园选址（图 9-48）。

按照上述操作步骤，依次得出西区和东区的综合公园选址，如图 9-49、图 9-50 所示。

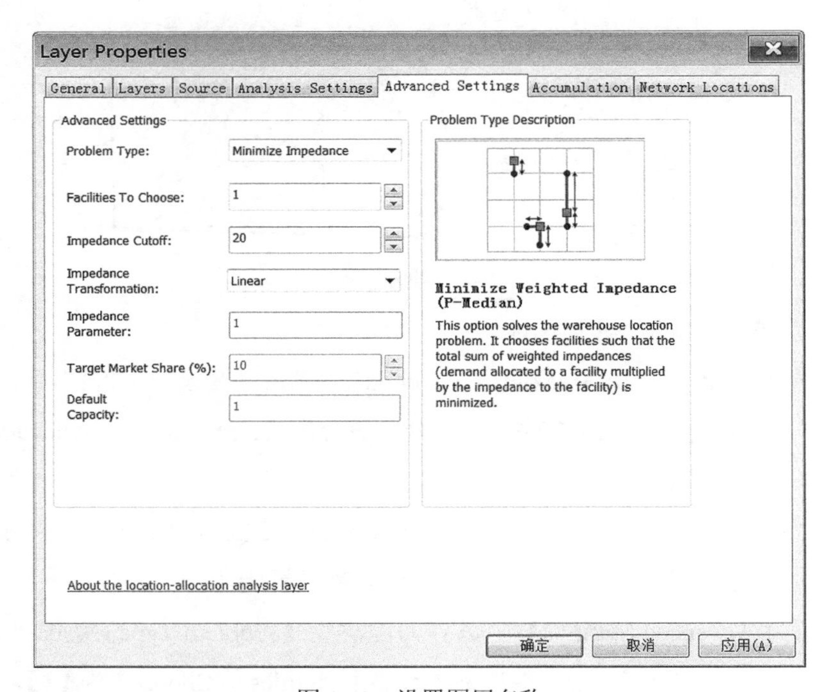

图 9-42　设置图层名称

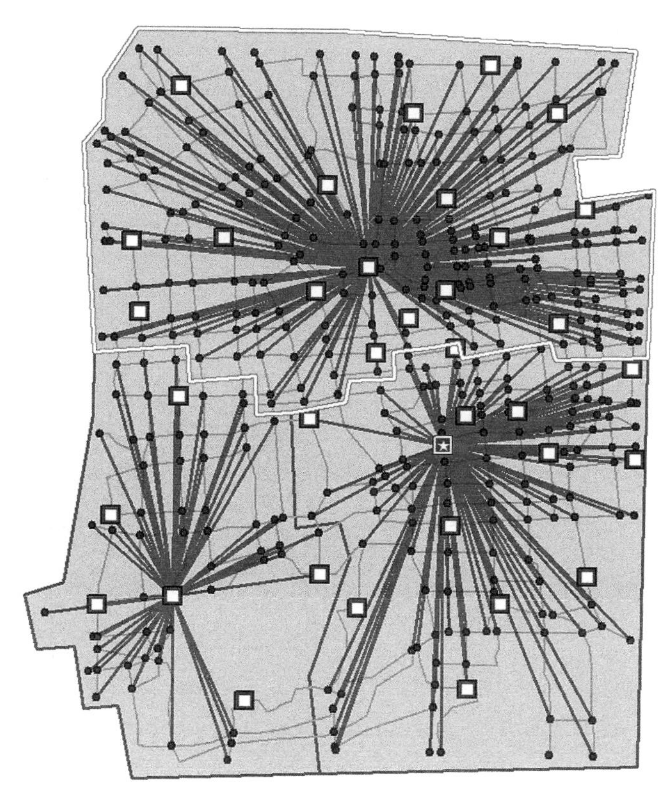

图 9-43　按位置选择

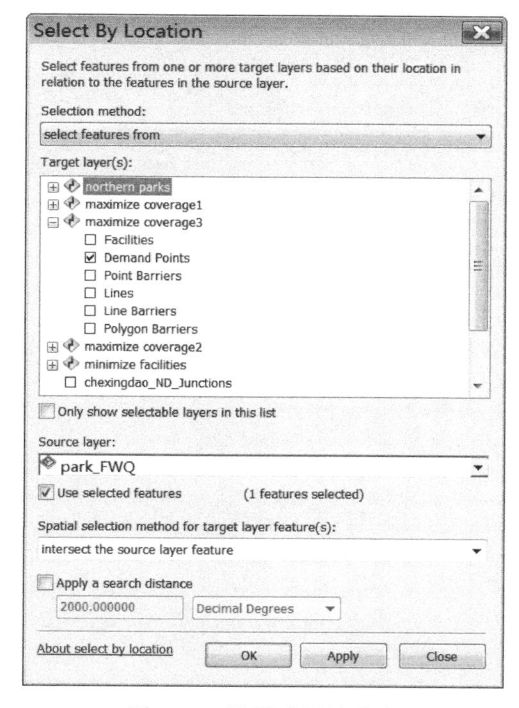

图 9-44　设置选择请求点

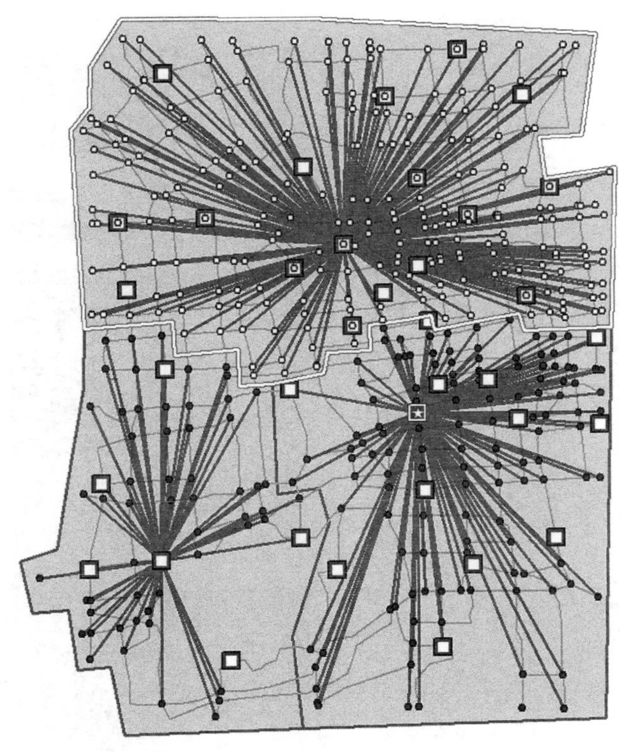

图 9-45 选中北区请求点

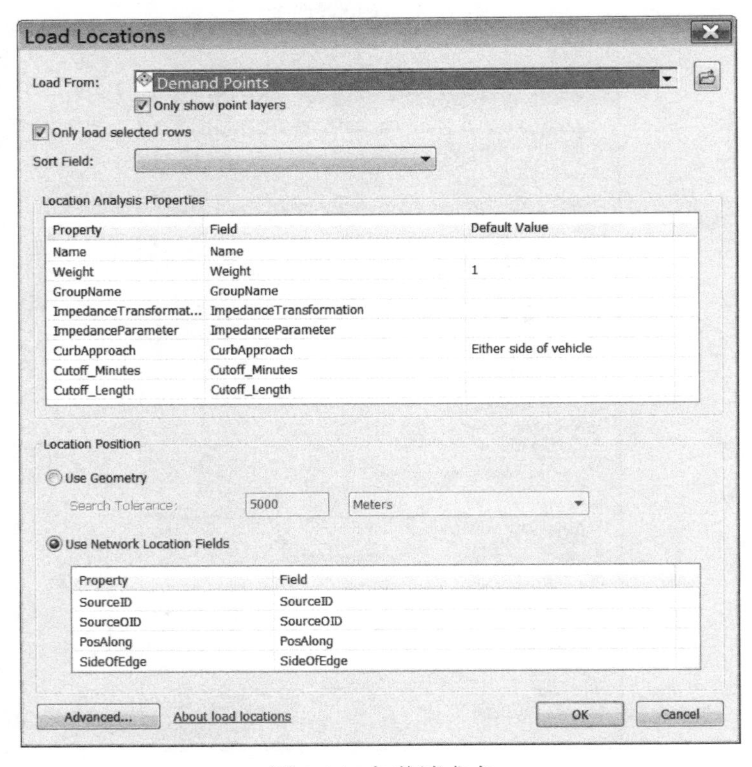

图 9-46 加载请求点

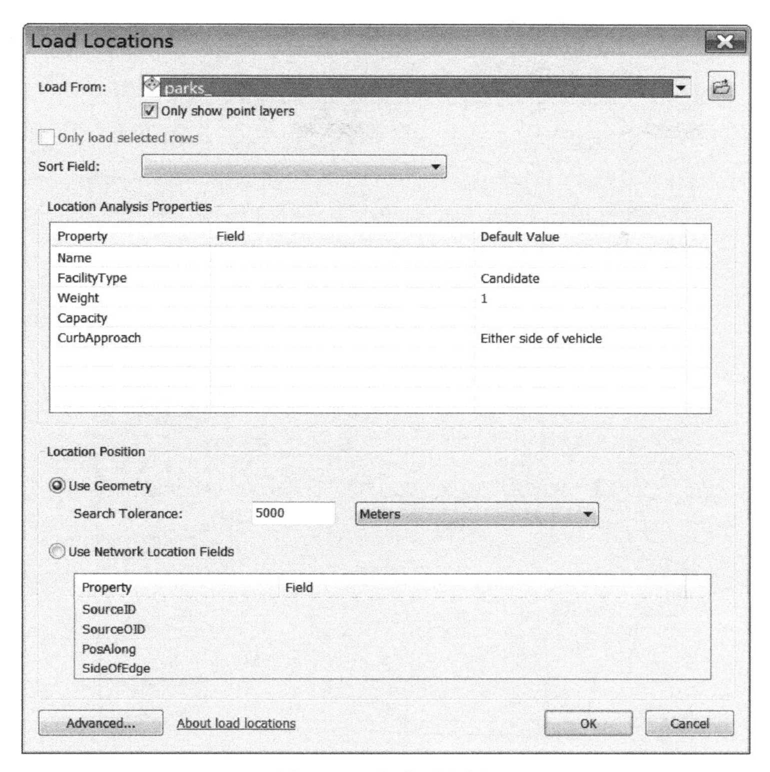

图 9-47　加载公园点

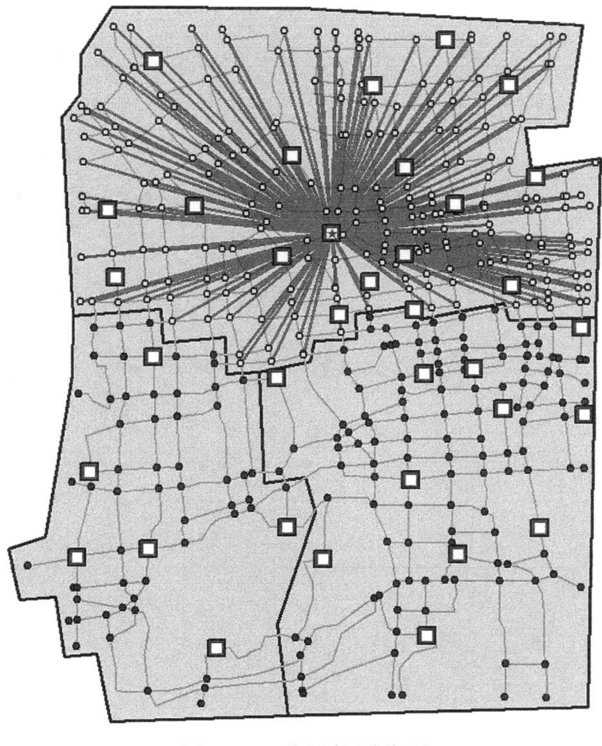

图 9-48　北区位置分配

图 9-49 西区位置分配

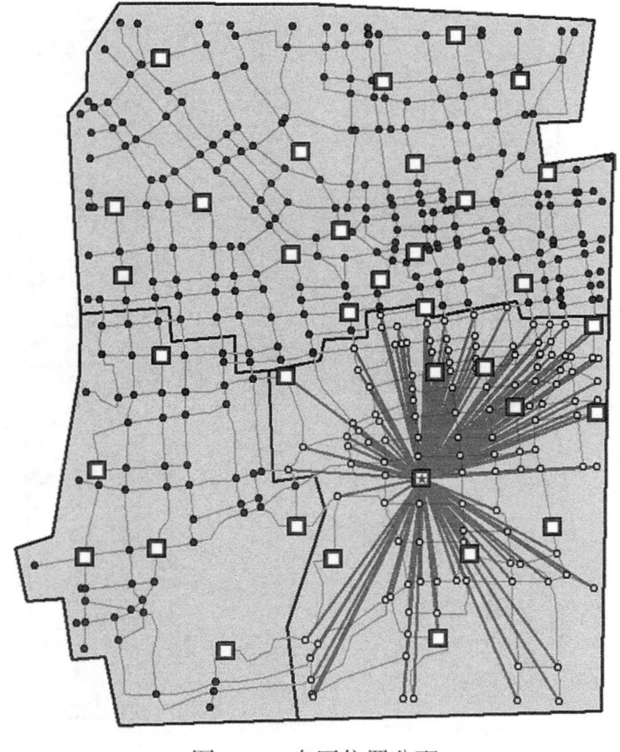

图 9-50 东区位置分配

第十章　公园可达性分析

目的： 城市公园的可达性关系着居民使用公园的便捷性和平等性，是衡量城市公园规划合理性的重要指标。本章以 S 区为例，利用该区的综合公园数据以及车行交通网络数据，通过基于最小阻抗的可达性分析、基于出行范围的可达性分析两种方法分析综合公园的可达性。

基础数据： S 区综合公园点［parks.shp］，S 区车行交通网络集［luwang］（F:\LA_GIS\chapter10\KDXFX.mdb）。

任务： 以 S 区综合公园可达性分析为例，学习如何基于最小阻抗评价法，计算区域内任意位置到任意公园点的交通便利程度；学习如何基于出行范围评价法，计算公园 5、10、15min 的车行可达性覆盖范围。

第一节　基于最小阻抗的可达性分析

一、计算 OD 成本矩阵

➢ 步骤 1：打开基础数据

启动 ArcMap 10.3，在标准工具栏中点击【Add Data】添加数据，打开文件夹（F:\LA_GIS\chapter10\KDXFX.mdb），载入名为［luwang］的车行交通网数据。打开文件夹（F:\LA_GIS\chapter10），载入名为［parks.shp］的综合公园点数据。加载数据完毕后，界面如图 10-1 所示。

➢ 步骤 2：新建 OD 成本矩阵

点击菜单栏空白处，点击【Network Analyst】，打开网络分析工具条【Network Analyst】。在网络分析下拉菜单中选择新建OD成本矩阵区【New OD Cost Matrix】，生成新的OD成本矩阵图层。点击网络分析窗口按钮，打开【Network Analyst】窗口，在窗口中会显示起始点【Origins】、目的地点【Destinations】、线【Lines】等相关信息（图 10-2）。

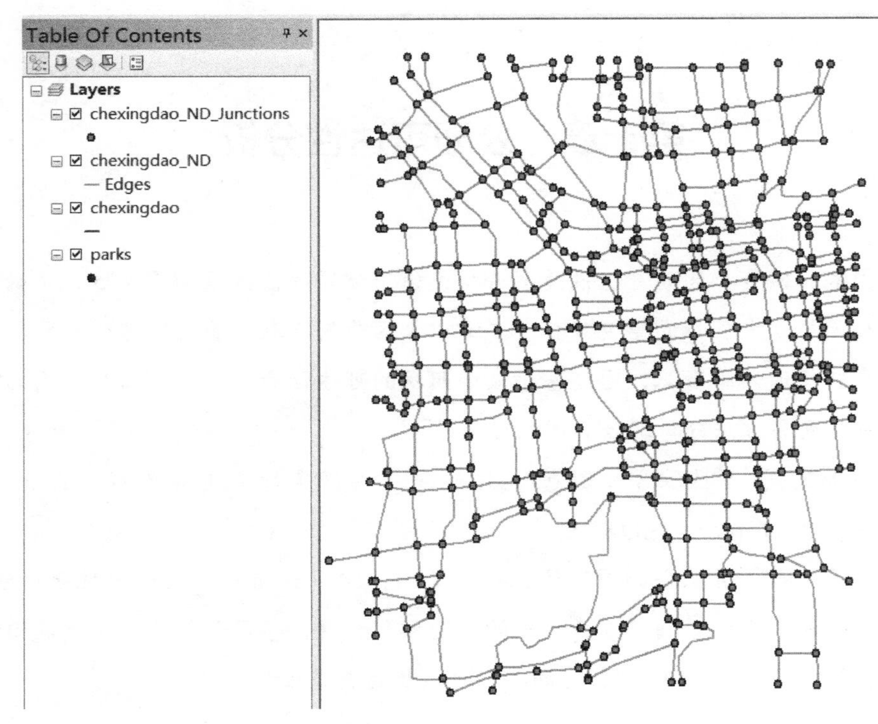

图 10-1 数据准备

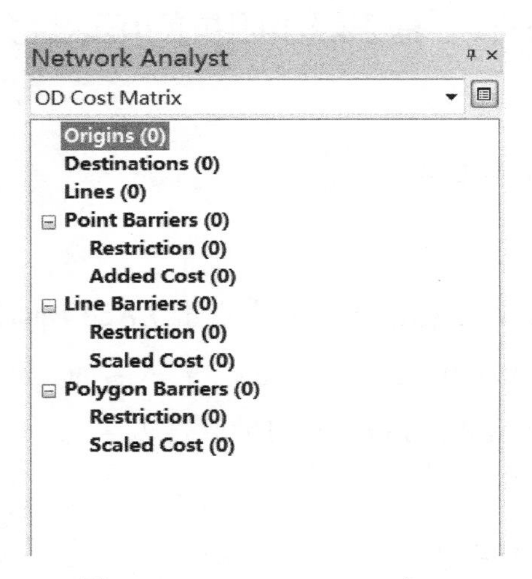

图 10-2 Network Analyst 窗口

➢ 步骤 3：加载起始点

在【Network Analyst】窗口中，右击起始点【Origins】，选择加载位置【Load Locations】，在对话框中加载图层［chexingdao_ND_Junctions］（图 10-3），点击【OK】，载入起始点。

➢ 步骤 4：加载目的点

在【Network Analyst】窗口中，右击目的地点【Destinations】，选择加载位

置【Load Locations】，在对话框中加载图层［parks］（图 10-4），点击【OK】，载入目的地点。

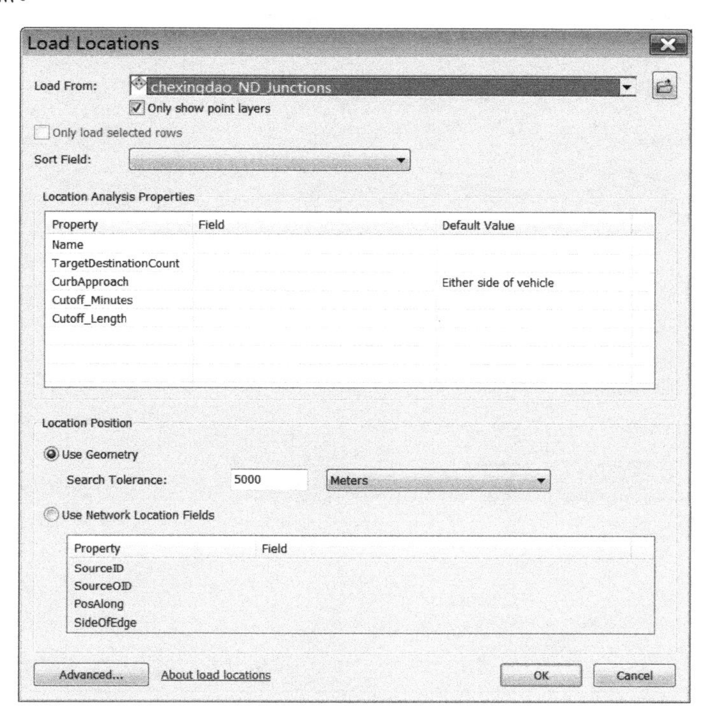

图 10-3　加载起始点

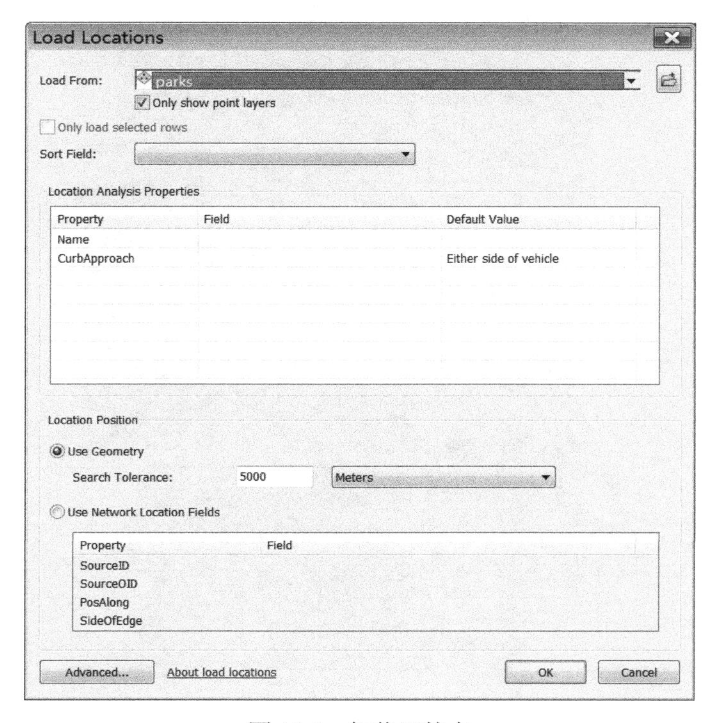

图 10-4　加载目的点

➢ 步骤 5：编辑 OD 成本矩阵属性

在内容列表中，右键点击 OD 成本矩阵【OD Cost Matrix】，打开图层属性【Properties】。进入分析设置【Analysis Settings】，选择阻抗【Impedance】为【Minutes】（图 10-5），点击【确定】。

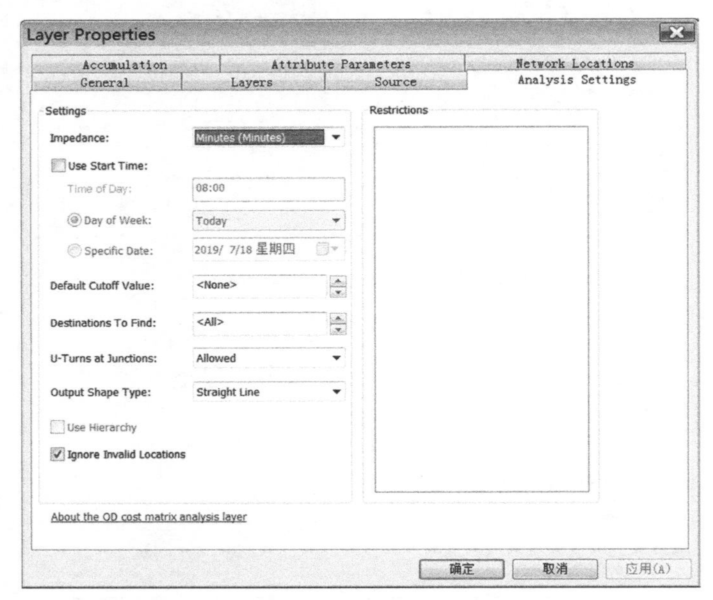

图 10-5　编辑 OD 成本矩阵属性

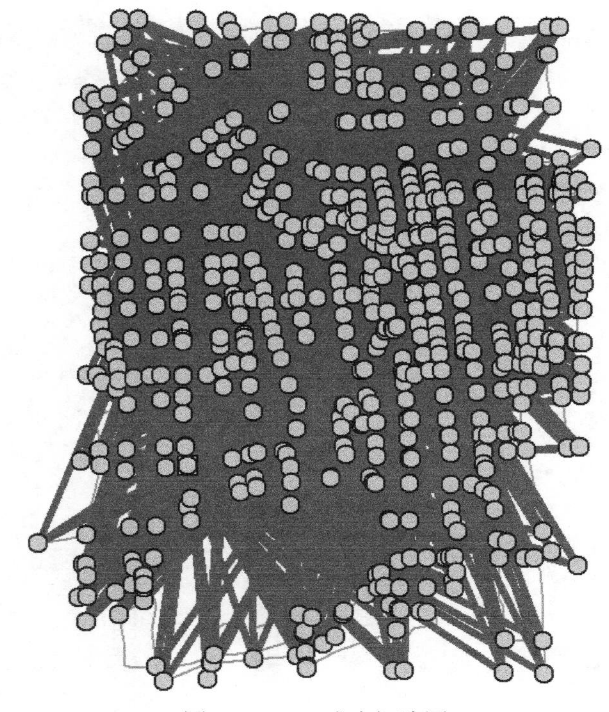

图 10-6　OD 成本矩阵图

➢ 步骤 6：位置分配求解

点击【Network Analyst】面板中的求解工具【Solve】，生成结果如图 10-6 所示。

二、计算可达性

➢ 步骤 1：查看 OD 成本表

在内容列表【Table Of Contents】中右击【Lines】，选择打开属性表【Open Attributes Table】（图 10-7）。

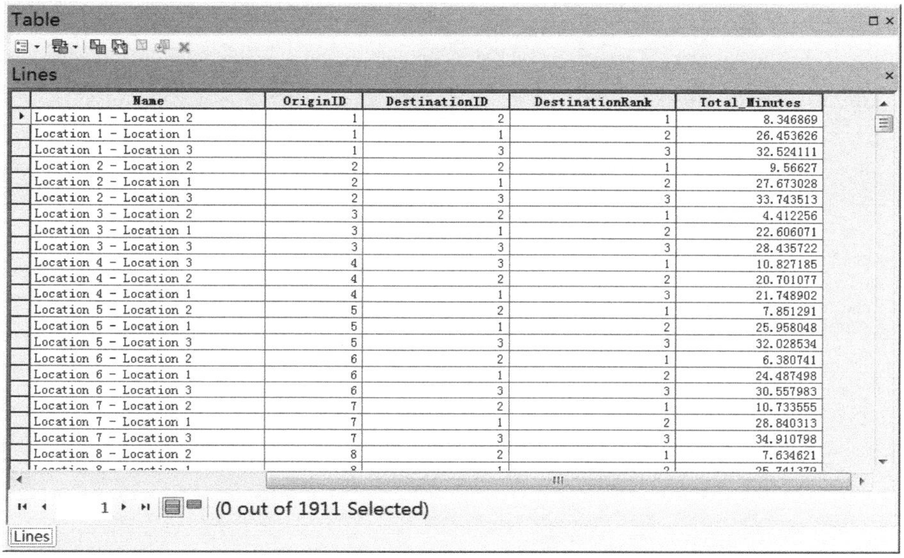

Table

Lines

Name	OriginID	DestinationID	DestinationRank	Total_Minutes
Location 1 - Location 2	1	2	1	8.346869
Location 1 - Location 1	1	1	2	26.453626
Location 1 - Location 3	1	3	3	32.524111
Location 2 - Location 2	2	2	1	9.56627
Location 2 - Location 1	2	1	2	27.673028
Location 2 - Location 3	2	3	3	33.743513
Location 3 - Location 2	3	2	1	4.412256
Location 3 - Location 1	3	1	2	22.606071
Location 3 - Location 3	3	3	3	28.435722
Location 4 - Location 3	4	3	1	10.827185
Location 4 - Location 2	4	2	2	20.701077
Location 4 - Location 1	4	1	3	21.748902
Location 5 - Location 2	5	2	1	7.851291
Location 5 - Location 1	5	1	2	25.958048
Location 5 - Location 3	5	3	3	32.028534
Location 6 - Location 2	6	2	1	6.380741
Location 6 - Location 1	6	1	2	24.487498
Location 6 - Location 3	6	3	3	30.557983
Location 7 - Location 2	7	2	1	10.733555
Location 7 - Location 1	7	1	2	28.840313
Location 7 - Location 3	7	3	3	34.910798
Location 8 - Location 2	8	2	1	7.634621
Location 8 - Location 1	8	1	2	25.741370

1 (0 out of 1911 Selected)

Lines

图 10-7 OD 成本表

➢ 步骤 2：汇总车行时间

在【Lines】的属性表中，右键点击【OriginID】，选择汇总【Summarize】，如图 10-8，选择要汇总的字段为【OriginID】，勾选【Total_Minutes】选项下的【Sum】。将输出路径设置为（F:\LA_GIS\chapter 10\KDXFX.mdb\KDX_table）（图 10-9），选择存储类型为【dBASE Table】，点击【OK】，生成可达性计算表［KDX_table］。

➢ 步骤 3：计算各点至公园的可达性

在［KDX_table］的属性表中添加双精度字段【KDX】（图 10-10）。右键点击字段【KDX】，选择字段计算器【Field Caculator】，在对话框中输入公式为：

［KDX］＝［Sum_Total_Minutes］/（［Cnt_OriginID］-1）

点击【OK】，计算字段，生成字段【KDX】计算结果（图 10-11、图 10-12）。

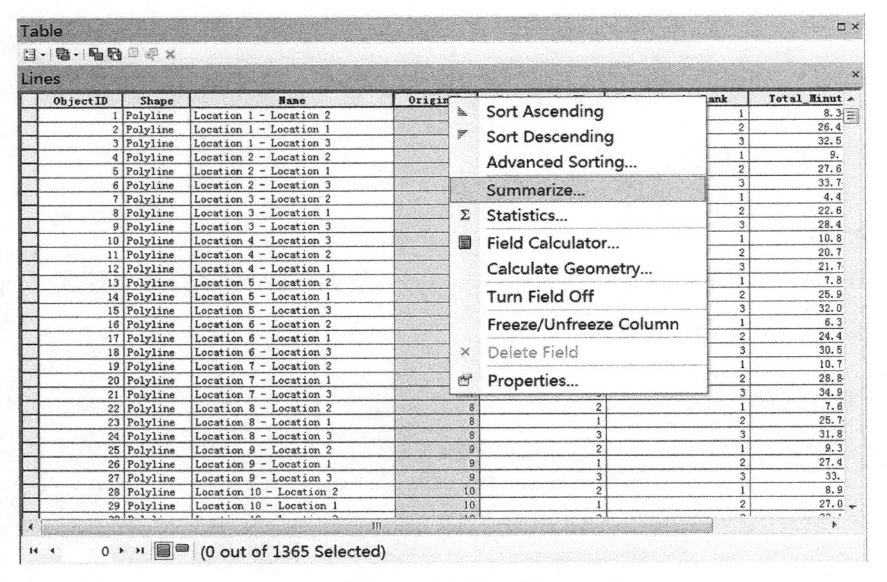

图 10-8 汇总工具

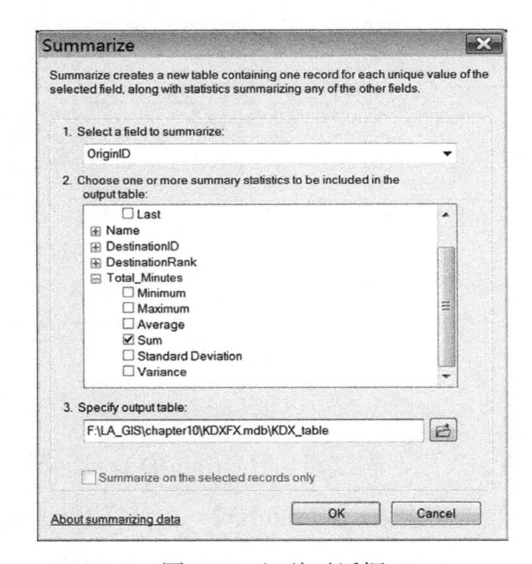

图 10-9 汇总对话框

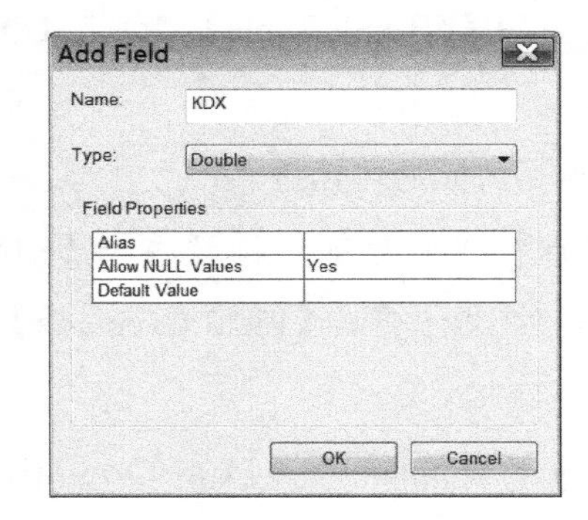

图 10-10 添加字段

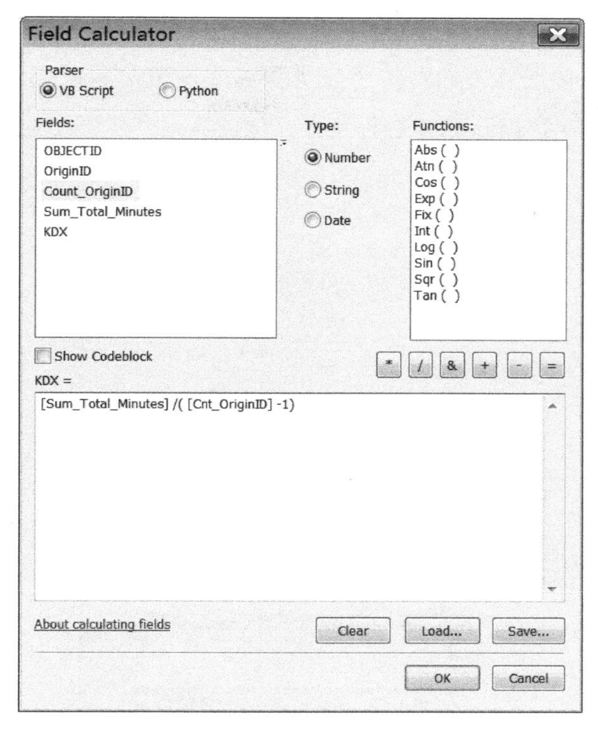

图 10-11　可达性计算

Table

KDX_table

OBJECTID *	OriginID	Count_OriginID	Sum_Total_Minutes	KDX
1	1	3	67.324607	33.662303
2	2	3	70.982812	35.491406
3	3	3	55.45405	27.727025
4	4	3	53.277165	26.638582
5	5	3	65.837873	32.918936
6	6	3	61.426223	30.713111
7	7	3	74.484665	37.242333
8	8	3	65.187864	32.593932
9	9	3	70.609247	35.304623
10	10	3	69.246183	34.623091
11	11	3	63.407561	31.703781
12	12	3	56.40556	28.20278
13	14	3	49.27048	24.63524
14	15	3	52.478343	26.239171
15	16	3	54.509996	27.254998
16	17	3	56.497094	28.248547
17	18	3	55.125986	27.562993
18	19	3	54.569233	27.284616
19	20	3	53.658851	26.829426
20	21	3	53.663952	26.831976
21	22	3	51.465235	25.732617
22	23	3	61.617181	30.808591
23	24	3	53.84929	26.924645
24	25	3	53.611177	26.805589

(0 out of 637 Selected)

KDX_table

图 10-12　可达性计算结果

➢ 步骤 4：连接表属性

将可达性计算表属性连接到起始点表上。在内容列表【Table Of Contents】中右键点击起始点［Origins］，选择连接和关联【Join and Relates】，在其子菜单下选择连接【Join】，在对话框中设置内容如图 10-13（注意：在表属性连接时，连接字段必须具有相同的字段类型和字段值，所以分别选择基于字段【ObjectID】和字段【OriginID】进行连接，保证数据“对号入座”。）点击【OK】，完成表属性连接，即起始点［Origins］的属性表中已有可达性计算表［KDX_table］的属性值。

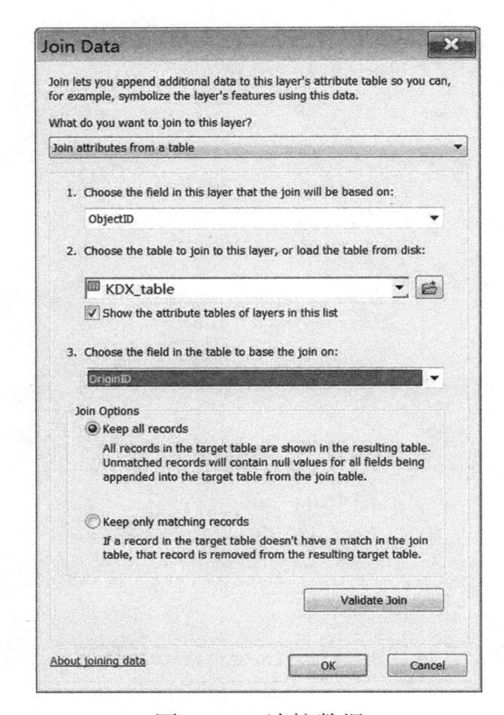

图 10-13　连接数据

三、生成可达性分布图

➢ 步骤 1：起始点可达性可视化

在内容列表【Table Of Contents】双击图层［Origins］，打开图层属性【Layer Properties】对话框，点击符号系统【Symbology】，在面板中选择字段【Field】为【KDX】（图 10-14），点击【确定】，生成起始点可达性符号化效果，如图 10-15 所示。

➢ 步骤 2：生成可达性分布图

在目录面板【Catalog】中点击工具箱【Toolboxes】/ 空间分析工具【Spatial Analyst Tools】/ 插值分析【Interpolation】/ 反距离权重法【IDW】，在【IDW】对话框中，按照图 10-16 设置参数，点击【OK】，生成公园可达性分布图，如图 10-17。

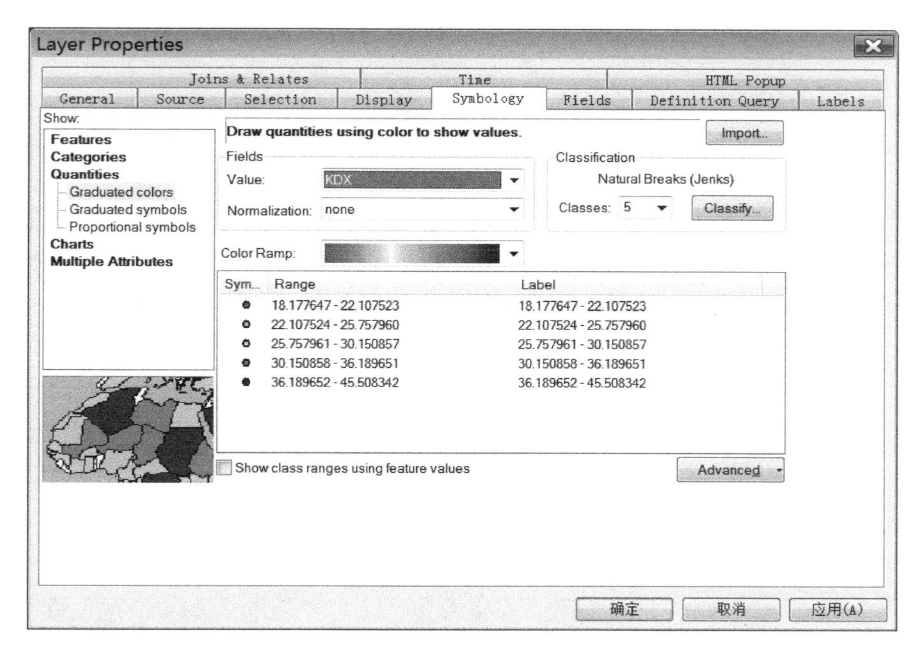

图 10-14　起始点可达性符号化

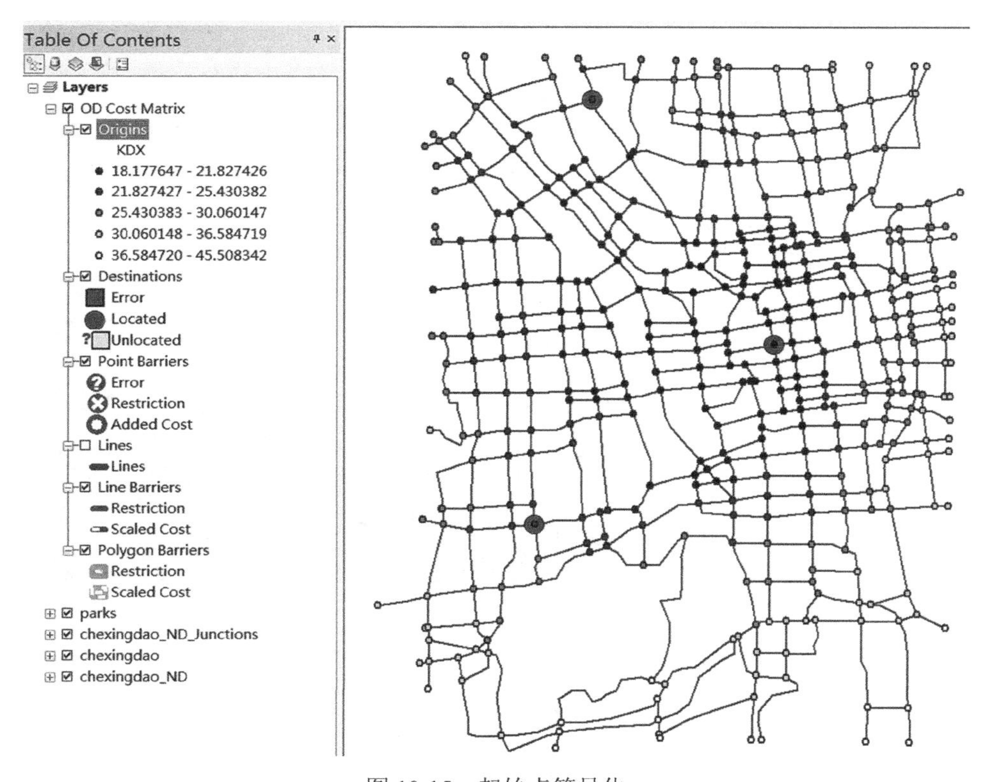

图 10-15　起始点符号化

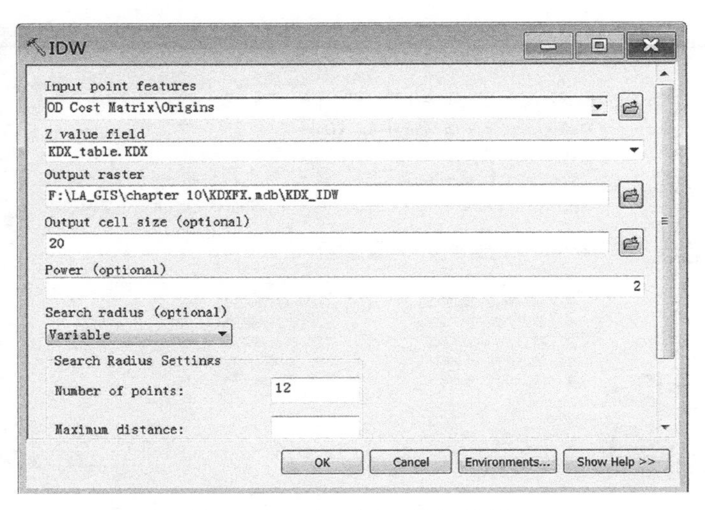

图 10-16　反距离权重法对话框

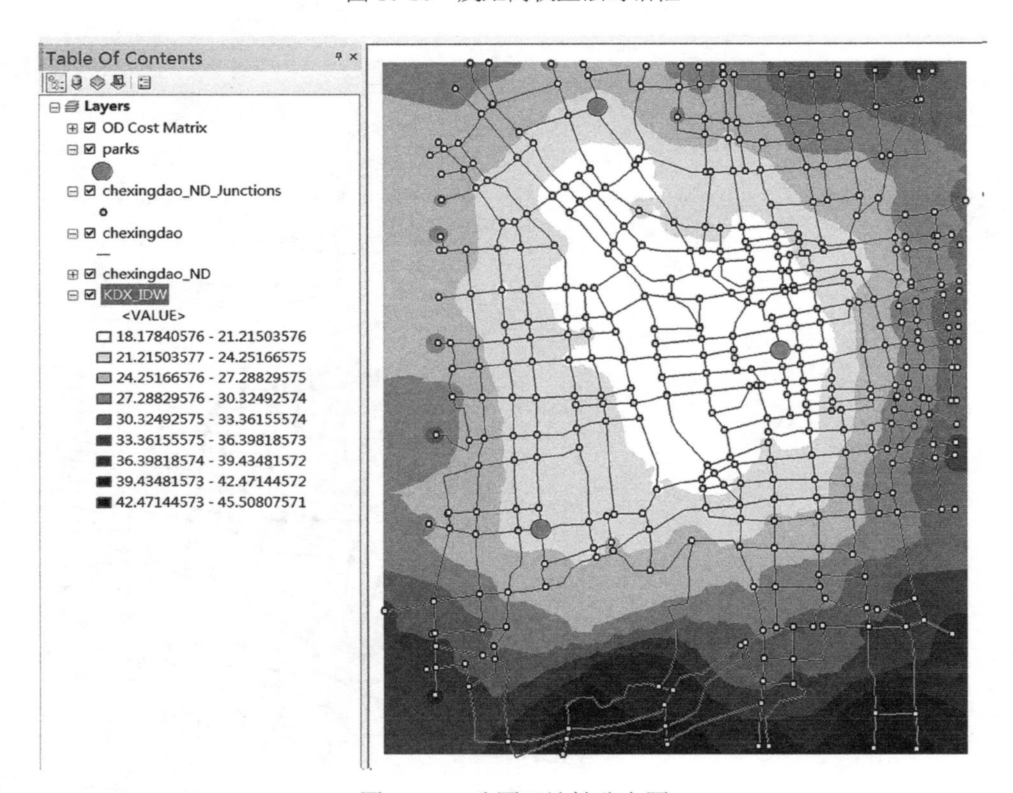

图 10-17　公园可达性分布图

四、分析公园可达性

打开可达性计算表 [KDX_table]，右键点击字段【KDX】，选择统计【Statistics】，即可生成可达性统计数据和频数分布（图 10-18）。如图所示，可达性平均值为 25.78，即为各点到各公园可达性的平均值。此外，从频数分布图可得出，各点的可达性主要分布在 18.2min 至 33.6min，该区域公园可达性较好。

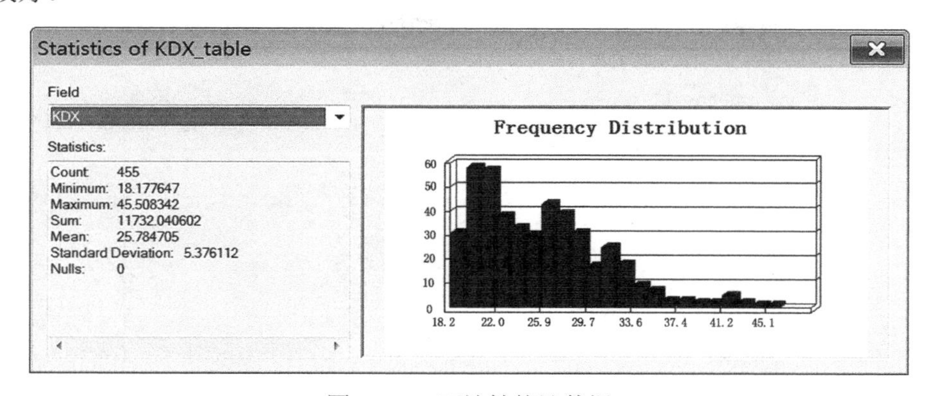

图 10-18 可达性统计数据

第二节 基于出行范围的可达性分析

➢ 步骤 1：打开基础数据

启动 ArcMap 10.3，在标准工具栏中点击【Add Data】添加数据，打开文件夹（F:\LA_GIS\chapter10\KDXFX.mdb），载入名为［luwang］的车行交通网数据。打开文件夹（F:\LA_GIS\chapter10），载入名为［parks.shp］的综合公园点数据。

➢ 步骤 2：新建服务区

打开网络分析工具【Network Analysis】，在网络分析下拉菜单中选择新建服务区【New Service Area】，生成新的服务区图层。打开【Network Analyst】窗口，在窗口中会显示设施点【Facilities】、面【Polygons】、线【Lines】等相关信息。

➢ 步骤 3：加载公园点

在【Network Analyst】窗口中，右击设施点【Facilities】，选择加载位置【Load Locations】，在对话框中加载图层［parks］（图 10-19），点击【OK】，载入设施点。

➢ 步骤 4：编辑位置分配属性

在内容列表中，右键服务区【Service Area】，打开图层属性【Properties】。进入分析设置【Analysis Settings】，对抗阻【Impedance】进行设置。本章节以车行时间 5min、10min、15min 为默认中断值，并以离开公园设施点为方向（图 10-20）。在面生成【Polygon Generation】选项中，设置面类型【Polygon Type】、多个设施点选项【Multiple Facilities Options】以及叠置类型【Overlap Type】（图 10-21）。点击【确定】，完成设置。

➢ 步骤 5：位置分配求解

在【Network Analyst】工具条上，点击【Solve】，生成服务区域范围结果（图 10-22）。

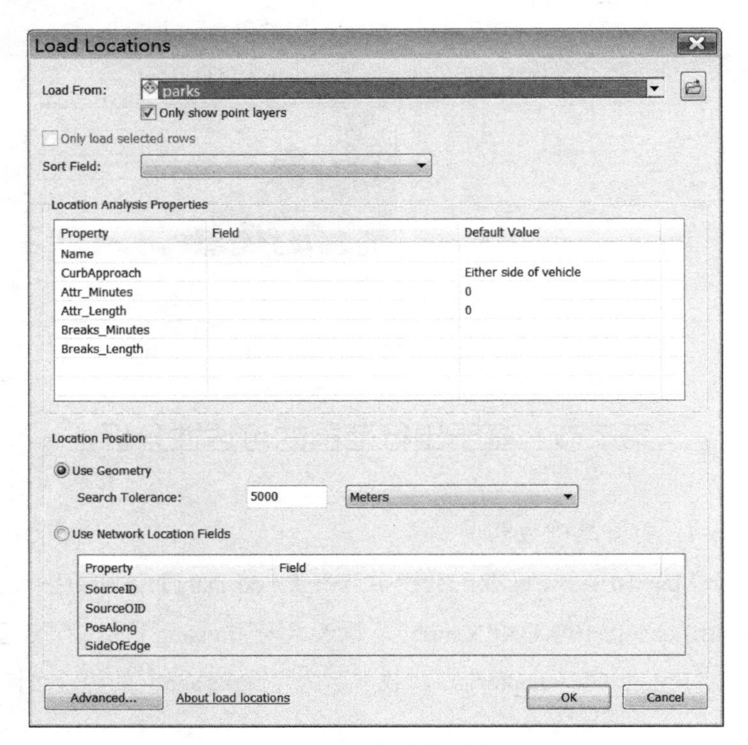

图 10-19　加载公园点

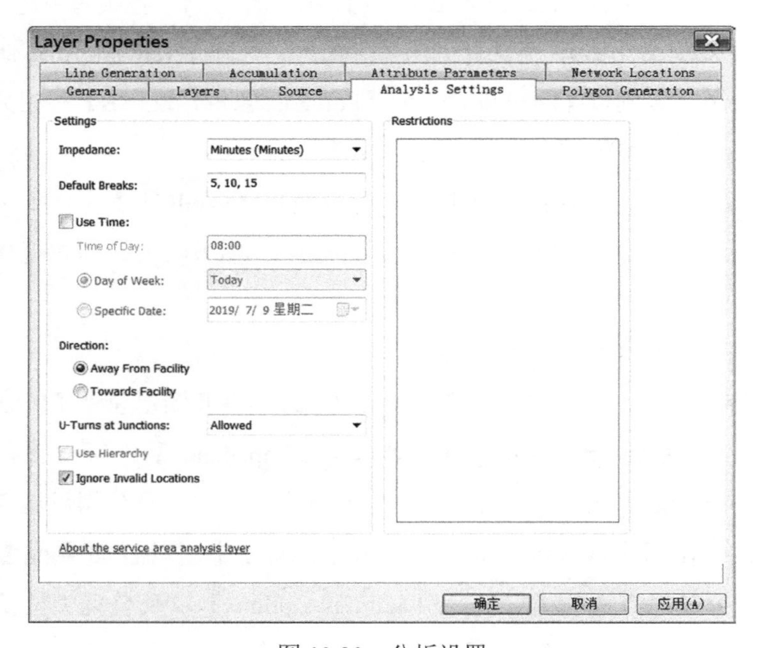

图 10-20　分析设置

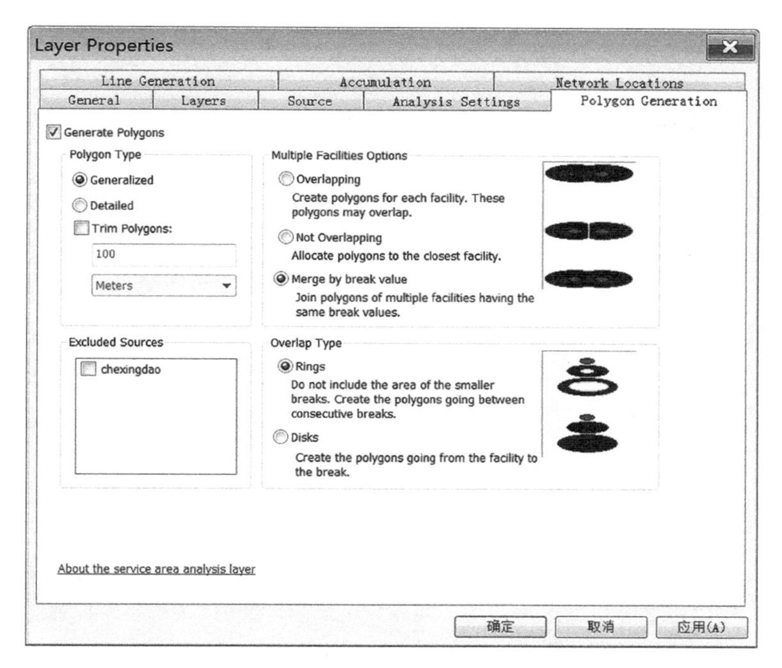

图 10-21 设置面类型

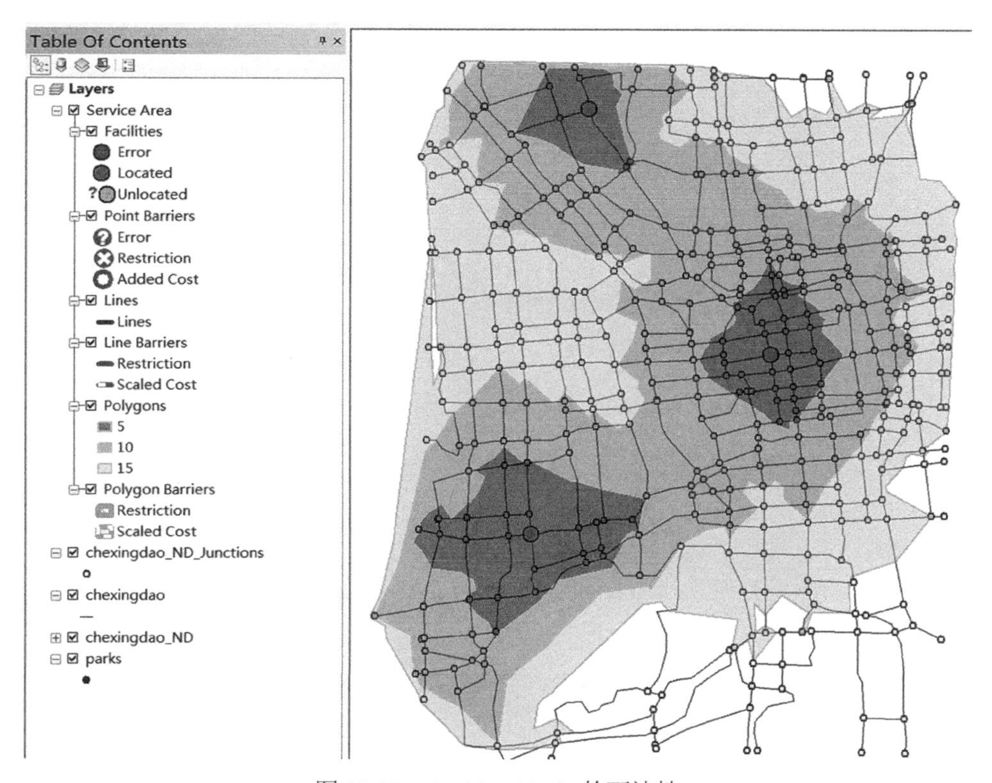

图 10-22 5、10、15min 的可达性

参考文献

[1] 白林波，吴文友，吴泽民，等 . RS 和 GIS 在合肥市绿地系统调查中的应用［J］. 西北林学院学报，2001（01）：59-62.

[2] 石雪东，李敏，张宏利；等 . 遥感技术在广州市城市绿地系统总体规划中的应用［J］. 测绘科学，2001，26（4）：42-44.

[3] 邬伦等 . 地理信息系统：原理、方法和应用［M］. 北京：科学出版社，2001.

[4] 许浩 . 国外城市绿地系统规划［M］. 北京：中国建筑工业出版社，2003.

[5] 江绵康 .“数字城市”的理论与实践［D］. 上海：华东师范大学，2006.

[6] 许浩 . 新型城镇化目标下的绿地系统构建研究［M］. 南京：南京大学出版社，2013.

[7] 郝力 . 中外数字城市的发展［J］. 国外城市规划，2001（03）：2-4，1.

[8] 胡祎 . 地理信息系统（GIS）发展史及前景展望［D］. 北京：中国地质大学，2011.

[9] 铃木雅和 . ランドスケープ GIS［M］. 东京：ソフトサィェンス社，2003.

[10] 韩贵锋，孙忠伟 . 城乡规划 GIS 空间分析方法［M］. 北京：科学出版社，2018.